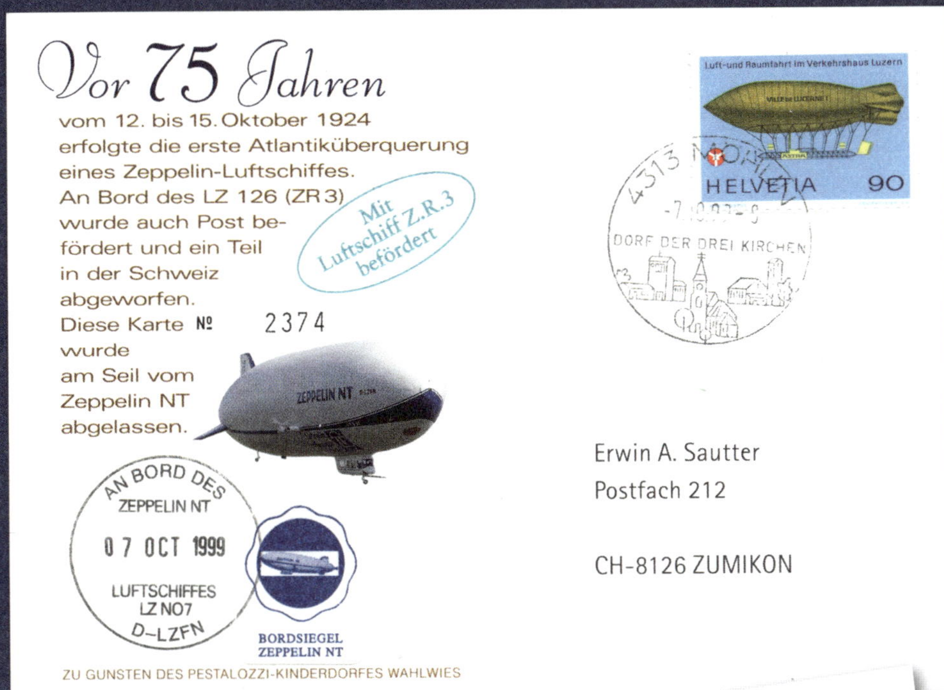

Seit dem Erststart des Prototyp »FRIEDRICHSHAFEN« im September 1997 würdigt das »Pestalozzi Kinderdorf Wahlwies e.V.« am Bodensee jeden Höhepunkt der Zeppelin-Luftschifffahrtsgeschichte mit besonders eindrucksvoll gestalteten und limitierten Postkarten. Mit den nicht geringen Verkaufserlösen finanziert der gemeinnützige Verein soziale Projekte. Für die DZR, die alle postalischen Belege unentgeltlich mit Zeppelinen NT befördert, sind die Sondereditionen ein willkommenes Marketinginstrument, um die Aufmerksamkeit neuer Kunden zu gewinnen.

Der Mensch kann nicht fliegen. Dafür fehlen ihm nicht nur die Flügel und hohle Knochen.

Aber:
Wenn es ihm jedoch gelingt, die Naturgesetze zu überlisten und ein Mobil zu erfinden, das schwerer ist als Luft und sich dennoch vom Erdboden erhebt – dann fliegt er. Wie ein Vogel in der Luft.
Ist es hingegen gleichschwer oder leichter als die Luft und erhebt sich trotzdem vom Boden – dann fährt er. Wie ein Schiff auf dem Wasser.
Oder er schwebt im Luftmeer wie ein Fisch im Wasser – dank dessen Schwimmblase.

»Man muss es nur wollen und daran glauben – dann wird es gelingen.«
Ferdinand Graf von Zeppelin

ZEPPELIN NT

Entwicklung - Technik - Einsatz

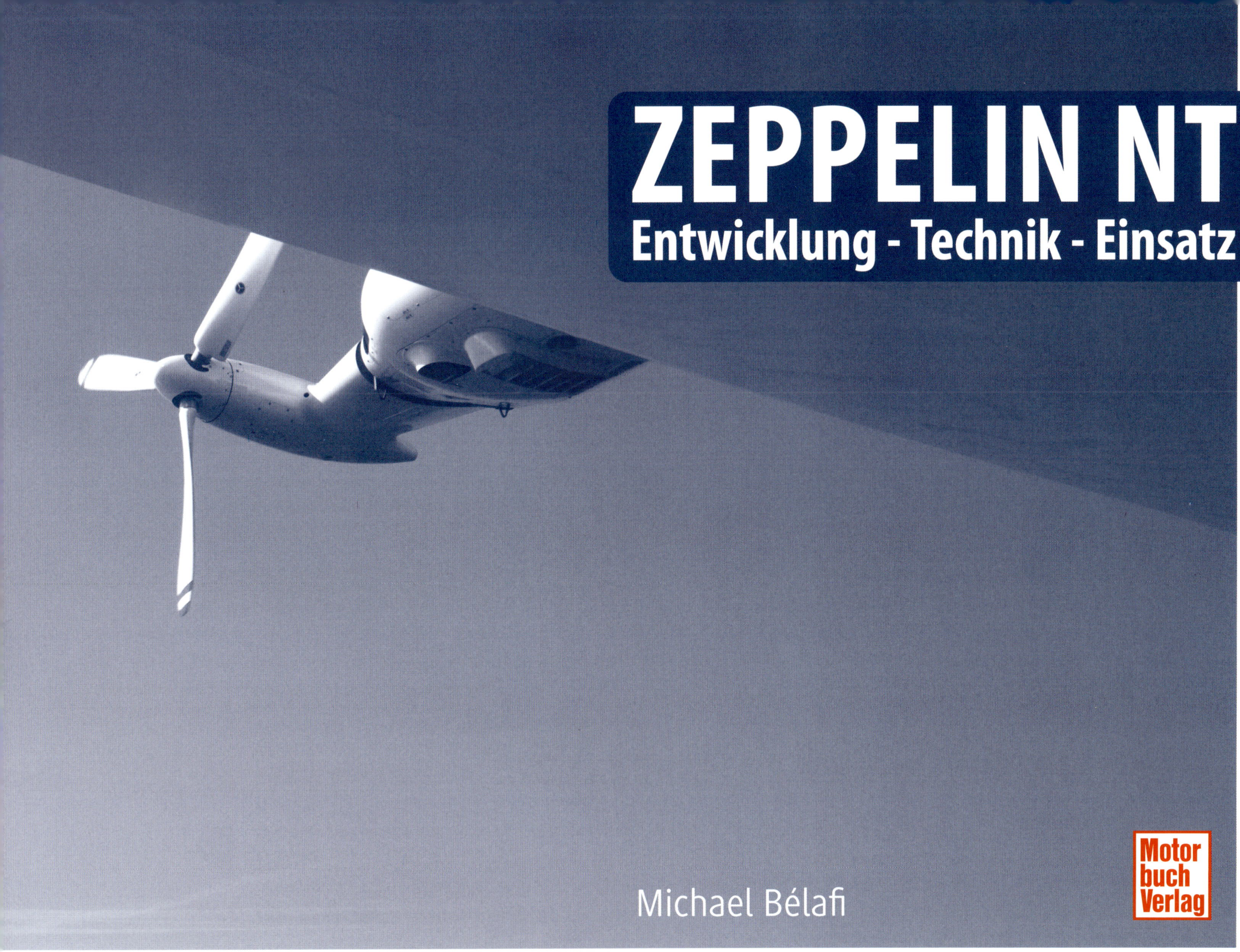

Michael Bélafi

Motor
buch
Verlag

Ballone öffnen das Tor ins Reich der Lüfte

(1783)

Lange vor dem Jungfernflug des Prototyps der Zeppelin NT-Serie beschäftigten sich seriöse Tüftler, aber auch zahlreiche Scharlatane, mit der Erfüllung des uralten Menschheitstraumes vom Fliegen. Das seit Jahrtausenden geübte bloße Registrieren der Tatsache, dass Feuer, Rauch und Dampf – warme Luft überhaupt – stets das Bestreben haben, nach oben zu steigen, brachte die Menschheit keinen Schritt weiter auf dem Weg zur Erfüllung des Traumes.

Den technisch begabtesten und handwerklich geschicktesten unter ihnen war klar: Wollte man nicht wie der sagenhafte Ikarus oder der tölpelhafte Schneider von Ulm enden, die es den Vögeln 1:1 gleichmachen wollten, müsste man entweder einen wie auch immer konstruierten flugfähigen Mechanismus (aerodynamische Lösung) erfinden oder das Archimedische Prinzip »überlisten« (aerostatische Lösung). Letzterer Weg schien zunächst zielführender zu sein.

Dieses, seit mehr als 2200 Jahren bekannte und nach seinem Entdecker benannte Naturgesetz, bestimmt: Auf jeden Körper wirkt im Luftraum eine nach oben gerichtete Auftriebskraft. Sie wirkt entgegen seiner eigenen Gewichtskraft und ist exakt so groß wie das Gewicht der von dem Körper am jeweiligen Ort verdrängten Luftmenge. Wegen der sehr geringen Dichte der Luft (bei Normalbedingungen etwa 1,29 kg/m^3) ist von diesem Auftrieb im Alltag allerdings kaum etwas zu spüren.

Das bedeutet: Erst wenn ein Hohlkörper groß genug und gleichzeitig sehr leicht ist, sollte es

- durch Leersaugen (Erzeugen eines Vakuums) oder
- durch Einschluss »leichter Luft« (sei sie zuvor erwärmt oder aus großer Höhe entnommen worden sein) oder
- durch Verwendung leichten Gases (Wasserstoff, Helium, Leuchtgas u. a.)

tatsächlich gelingen, einen genügend großen Auftrieb zu erzielen. Der sollte dann in der Lage sein, den Körper mitsamt einem Menschen in die Höhe zu heben.

Ein Kubikmeter Luft hat in Meeresspiegelhöhe und bei 20° C ein Gewicht von etwa 11,8 N. Erhitzt man die Luft auf 90° C, beträgt ihr Gewicht nur noch 9,7 N. Diese geringe Differenz ist die oben beschriebene »List«.

Sie wurde erstmals zweihundert Jahre vor dem Erstflug eines Zeppelin NT angewandt. Es geschah am Vorabend der Großen Revolution der Franzosen, am 5. Juni 1783. An diesem Tag brachten die beiden Brüder Josef Michel und Jacques Etienne Montgolfiere in Annonay bei Lyon den ersten Körper zum selbsttätigen Aufstieg in die Luft.

Sie hatten ein rund 600 m^3 großes Ballonei aus Leinwand gebastelt und mit Papier beklebt. Unter der offenen Ballonunterseite entzündeten sie auf einer fest verankerten massiven Platte Schafwolle und mehrere Ballen Stroh. Der dadurch auf etwa 90°C erhitzte Qualm kroch in den Ballon, verdrängte die dort befindliche deutlich kältere Luft bzw. erhitzte sie und verdünnte so das eingeschlossene Luftvolumen.

Da der allmählich prall gewordene Ballon nun leichter war als die verdrängte, ehemalige Luft darin und das Leergewicht des Ballons nur wenige Dutzend Newton schwer war, stieg er nach dem Loslassen von allein auf. Er soll angeblich mehr als 1000 m Höhe erreicht haben und 10 Minuten in der Luft verblieben sein, ehe er zusammenklappte und zu Boden fiel.

Das anwesende Publikum, unter ihnen Landräte aus ganz Frankreich, die zu ihrer turnusmäßigen Jahrestagung in Annonay weilten, war grenzenlos erstaunt und begeistert. Wie ein Lauffeuer verbreitete sich das Ereignis vom ersten erfolgreichen Ballonaufstieg bis Paris, durch ganz Frankreich und Europa. Daraufhin lud König Ludwig XVI. unverzüglich die beiden Erfinder und eine eiligst einberufene Kommission der Königlichen Akademie der Wissenschaften für den 12. September 1783 zu einer erneuten Demonstration nach Paris ein. Sie gelang überzeugend. Deshalb erteilte er der Akademie den Auftrag, möglichst bald eigene Versuche mit solch einer »Montgolfiére« durchzuführen.

Auf Staatskosten wurde nach den Vorgaben der beiden Montgolfiere-Brüder kurzerhand ein neuer, noch größerer Ballon geschaffen. Vor den Augen des Königlichen Hofstaates und unter Teilnahme von mehr als 100 000 Menschen stieg nur eine Woche später in den Parkanlagen des Schlosses Versailles der erste »bemannte« Heißluftballon der Geschichte in den Himmel. Der Ballon hatte ein Volumen von 1480 m^3. Seine Hülle bestand aus wasserabweisender Leinwand, die Gondel aus Weidenkorb. An Bord befanden sich aber lediglich drei Tiere: Ein Hammel, eine Ente und ein Hahn. Die Auffahrt dauerte acht Minuten. Der Ballon landete glatt, und die Tiere blieben unverletzt.

Deshalb forderte der König den Neubau einer nochmals größeren Montgolfiére und die Fortsetzung der Experimente, aber mit Menschen an Bord des Ballons.

Die ersten Menschen, die auf diesem Weg festen Erdboden frei fahrend verließen, waren der Physiker Jean-Francois Pilatre de Rozier und der Major Marquis Francois Laurant d'Arlandes. Ihre welthistorische Fahrt in einer 2000 m^3 großen Montgolfiére fand am 21. November 1783 im Garten des Residenzschlosses La Muette bei Paris statt.

Schon zu Lebzeiten erhielten die Brüder Montgolfiere zahlreiche Auszeichnungen und Ehrentitel. Vom König wurden sie zu Rittern der Ehrenlegion ernannt und durften sich über eine lebenslange stattliche Rente freuen. Straßen und Plätze in ganz Frankreich wurden kurzerhand zu Ehren der Erfinder des Heißluftballons umgetauft, Denkmäler errichtet. Eine unglaubliche Flug-Euphorie erfasste nicht nur ihr Heimatland, sondern ganz Europa.

■ Eine Fahrt in einem Heißluftballon gehört weltweit in vielen Tourismusregionen zu den schönsten Urlaubsfreuden. Am Himmel über dem zentraltürkischen Kappadokien bieten sich besonders interessante Aussichten auf die jahrtausendealte Höhlenarchitektur aus Tuffgestein.

Die wohl spektakulärste Fahrt eines Heißluftballons in der Neuzeit vollbrachten die Familien Strelzyk und Wetzel in der Nacht vom 16. zum 17. September 1979 in Thüringen. Ihnen gelang die aufsehenerregende Flucht in einer selbstgebauten Montgolfiére über die innerdeutsche Grenze aus der DDR in die Bundesrepublik Deutschland. Der Ballon war nur wenig größer als jener mit den ersten Menschen an Bord. Gleich mehrere Schutzengel müssen mit im Korb gewesen sein.

Heute finden Heißluftballone vor allem im Freizeitbereich breite Anwendung.

Auf Anordnung ihres Königs Ludwig XVI. gingen zeitgleich Wissenschaftler der Königlichen Akademie der Wissenschaften zu Paris unter der Leitung des Physikprofessors Jacques Alexandre César Charles einen gänzlich anderen Weg als die Montgolfiere-Brüder, um einen Ballon unter Anwendung des Archimedischen Prinzipes zum Aufstieg zu bringen.

Ihr erster Ballon, die »Le Globe«, stieg am 27. August 1783 in den Pariser Himmel. Der kugelförmige Ballon hatte einen Durchmesser von 4 m und ein Volumen von 35 m^3. Die Hülle war aus Seide, dem leichtesten Textil jener Zeit. Als Traggas diente der erst 15 Jahre zuvor von dem britischen Naturforscher Henry Cavendish entdeckte Wasserstoff, der mit 0,09 kg/m^3 die geringste Dichte aller in der Natur vorkommenden Elemente besitzt. Wasserstoff ist etwa 14-mal leichter als Luft, farblos, ungiftig, aber in einer Durchmischung mit Luft ab 20 % besteht Explosionsgefahr, und der Wasserstoff verbrennt unter solch hohen Temperaturen, die selbst Metalle zum Schmelzen bringen können. Diese Tatsachen kennen wir aufgrund des Knallgasexperimentes aus dem Chemieunterricht und begründete das Ende der Zeppelinluftschifffahrt nach der furchtbaren Katastrophe des LZ 129 »Hindenburg« am 6. Mai 1937 in Lakehurst (New Jersey, USA).

Gewonnen wurde das Gas in einem technisch anspruchsvollen und nicht ungefährlichen Prozess, indem Prof. Charles unverdünnte Schwefelsäure über Eisenspäne gießen ließ. Den dabei aus der Säure herausgetrennten Wasserstoff leitete er durch Bleirohre in den Ballon »Le Globe«. Damit dieser Gassack möglichst lange luftdicht bleibt, erfanden seine beiden Assistenten, die Brüder Robert, ein neuartiges Dichtungsmittel, indem sie Gummi in Terpentin auflösten und damit die roten und weißen Seidenstreifen tränkten.

Nach Abschluss der mehrstündigen Füllung hatte der Ballon eine Tragkraft von

9 Kilogramm. Die Fahrtdauer des kleinen Ballons betrug erstaunliche 45 Minuten. Danach war der Wasserstoff trotz aller entgegenstehender Bemühungen aus dem Ballon entwichen, und das Leergewicht des Ballons ließ ihn zu Boden fallen.

Im Herbst 1783 begann der Wettlauf der beiden Ballonsysteme um den ersten Aufstieg von Menschen in einem Ballon.

Obwohl Professor Charles so ziemlich Tag und Nacht mit seinem Team an einem neuen, größeren Ballon arbeitete und er sogar höchstpersönlich in den Ballon stieg, blieb er »nur zweiter Sieger« hinter de Rozier und d'Arlandes in ihrer Montgolfiére. Allein die Füllung seiner nach ihm benannten »Charliére« dauerte drei Tage.

Prof. Charles bestieg mit seinem Assistenten Nicolas Robert in den Pariser Tuilerien am 1. Dezember 1783, nur wenige Tage nach dem Erstaufstieg der Montgolfiére, den 380 m³ großen Ballon. Der Korb hing an einem Netz, das über die Hülle gespannt war. Aus Sicherheitsgründen besaß der Ballon ein spezielles Wasserstoffablassventil. Auch Sandsäcke als Ballast und kleinere Säckchen zwecks Fallzeitmessungen zur Höhenbestimmung befanden sich im Korb.

Nach einem reibungslosen Start verließ Robert während einer kurzen Zwischenlandung das Gefährt, während Professor Charles allein wieder startete, dabei wegen des plötzlich leichter gewordenen Ballons sofort ungewollt und höchst gefährlich bis auf 3000 m Höhe hinaufkatapultiert wurde und nach fast 120 Minuten und einer etwa 43 km langen Wegstrecke unter dem Jubel von mehr als 400 000 Zuschauern glatt landete.

Gasgefüllte Ballone steigen heute nur noch selten auf. Nach wie vor erfreuen sich aber die jährlich stattfindenden Gordon-Bennett-Wettbewerbe unter Ballonfahrern großer Beliebtheit. Sieger ist, wer mit dem Ballon ohne Unterbrechung die weiteste Strecke zurücklegt.

Johann Wolfgang von Goethe träumte schon wenige Wochen nach den ersten bemannten Ballonaufstiegen von gewöhnlichen Passagierfahrten und Posttransporten. »Dies ist schlechthin die Krönung der exakten Wissenschaft und ist wahrscheinlich ein Markstein in der Geschichte der Menschheit.«

Aber das schier unlösbare Problem der Lenkbarmachung eines Ballons war: Da ein gewöhnlicher, freischwebender Ballon die Bewegung der umgebenden Luft teilt, müs-

■ Erste Auffahrt eines bemannten mit Wasserstoffgas gefüllten Ballons am 1. Dezember 1783 im Garten des Tuilerienpalastes, der Residenz von König Ludwig XVI. An Bord waren der Erfinder des speziellen Ballonsystems Professor Jacques Alexandre César Charles und sein Assistent Nicolas-Louis Robert. 400 000 Zuschauer bejubelten die welthistorische Fahrt.

▪ Der »Coupe aéronautique Gordon Bennett« ist der älteste alljährlich stattfindende Wettbewerb für Gasballone. Erstmals erfolgte das Spektakel am 30. September 1906. Sieger ist, wer die längste Strecke zwischen Aufstiegs- und Landeort nonstop zurückgelegt hat. In dessen Heimaltland findet die übernächste Veranstaltung statt.

sen Fahrzeug und Pilot imstande sein, dem Fahrzeug eine Eigenbewegung zu erteilen, die nicht nur bei Windstille eine Fahrt in beliebiger Richtung ermöglicht, sondern die auch die Kraft des Gegenwindes übertrifft.

Um die zur Erhaltung dieser Eigenbewegung nötige Arbeit zu leisten, bedarf es einerseits eines leichten Antriebes von großer Stärke, andererseits der höchstmöglichen Verringerung der Widerstandsfläche des Aerostaten.

Während für die Verringerung des Luftwiderstandes recht schnell die Lösung gefunden wurde, nahm die Lösung der nötigen Antriebskraft ein ganzes Jahrhundert in Anspruch.

General Meusnier schlug schon Mitte 1784 vor, als neue Form des Tragkörpers an Stelle der Kugel- die Fischform zu verwenden. Für den Antrieb hatte er zwar auch keine praktikable Idee, aber seine Erfindung des sogenannten Ballonetts mit separatem Gebläse, welche den unvermeidlichen Gasverlust als Folge der Diffusion ausgleicht und mit dessen Hilfe die Ballonhülle stets glatt gehalten wird, ist noch heute ein unverzichtbarer Bestandteil aller Pralluftschiffe (Blimps) und der modernen Zeppeline NT.

Praktikable Antriebe erfanden auch nach Meusnier weder seine Landsleute de Lome (1872, Muskelantrieb), Giffard (1852 und 1855, Dampfmaschine) und Tissandier (1883, Elektromotor von Siemens) noch der Mainzer Haenlein (1872 und 1874, Lenoirsche Gasturbine) oder der Sachse Baumgarten (1881, Federkraft) – um nur die wichtigsten »Luftschifferfinder« des 19. Jahrhunderts zu nennen. Dieses Verdienst gebührt den genialen Konstrukteuren Gottlieb Daimler und Wilhelm Maybach, die mit ihrem »Standuhr« genannten Einzylinder-Benzinmotor am 10. August 1888 ein von Dr. Wölfert erdachtes Ein-Mann-Luftschiff zum Aufstieg brachten. Den Beweis der Lenkbarkeit des Aerostaten blieben sie allerdings schuldig.

Es waren die beiden französischen Hauptleute Charles Renard und Arthur Krebs, die aus der unlenkbaren Charliére einhundert Jahre später das erste Luftschiff der Welt, die »LA FRANCE«, erdachten, es in den Militärwerkstätten in Chalais-Meudon bei Paris bauten und zur ersten erfolgreichen Auffahrt brachten.

Der Aerostat hatte die Form eines Torpedos, vorn dicker als hinten. Er war 50,42 m lang, der größte Durchmesser betrug 8,40 m. Die Hülle des Tragkörpers hatte ein Volumen von 1864 m^3, gefüllt mit Wasserstoffgas. Sie wurde durch ein innen liegendes Ballonett prall gehalten. Die aus Bambusstangen gefertigte Gondel erstreckte sich fast über das gesamte Luftschiff. Sie war 33 m lang, 2 m hoch, 1,40 m breit und mit Seide umschlossen. Der Elektromotor wurde von 400 kg schweren Bleibatterien gespeist und brachte es auf knapp 7 kW. Er trieb einen hölzernen zweiflügeligen Propeller von jeweils 7 m Länge an.

Die Höhensteuerung sollte über ein Laufgewicht zwecks Schwerpunktverschiebung erfolgen. Für die Seitensteuerung war am Heck zwischen Gondel und Hülle eine senkrecht stehende, trapezförmige Steuerfläche angebracht. Um glatt zu landen, hatte Ren-

▪ Die »LA FRANCE«, das erste lenkbare Luftschiff der Welt, während seiner Erstfahrt am 9. August 1884 über der Bergungshalle in Meudon, Paris. Auf dem zeitgenössischen Stich sind die seitlichen Stabilisierungsflächen weggelassen worden, womöglich um das Geheimnis der Lenkbarkeit zu verschleiern.

ard ein Wasserstoffablassventil vorgesehen sowie ein 70 m langes Schleppseil und sogar einen Anker an Bord.

Fast zwei Monate nach Fertigstellung des Luftschiffes warteten die Erbauer auf windstilles Wetter. Zeit genug, um die Fahrt gründlich vorzubereiten und insbesondere die störanfällige Antriebsvorrichtung zu testen. Nichts sollte das Experiment gefährden.

Am 9. August 1884 war es endlich so weit. Um 16.00 Uhr stieg die »LA FRANCE« zu ihrer Jungfernfahrt mit ganz geringem Auftrieb aerostatisch in die Höhe. Erst nach Überschreiten der Baumwipfel in der näheren Umgebung setzte der Motor die Propeller in Bewegung. Zur großen Freude der beiden Piloten und Tausender Zuschauer beschleunigte das Fahrzeug sogar noch einige Male. Nach 4 km Fahrtstrecke Richtung Invalidendom wendete Renard das Steuer und vollführte mit Leichtigkeit eine Kehrtwendung bei einem Kreisradius von 300 m. In einer Höhe von 80 m über dem Exerzierplatz kuppelte Renard das Getriebe aus, wodurch das Luftschiff zum Stillstand kam. Bereitstehende Mannschaften ergriffen das Schlepptau und zogen das Luftschiff zu Boden. Danach arbeitete die Maschine mehrfach im Vor- und Rückwärtsgang, um das schwebende Luftschiff über den zur Landung gewählten Punkt zu bringen.

Die »LA FRANCE« hatte in 23 Minuten eine Strecke von 7,6 km zurückgelegt.

Bei insgesamt sieben Fahrten war es fünfmal gelungen, zur Aufstiegsstelle zurückzukehren. Das erste Luftschiff war erfunden. Aber worin lag das Mysterium der »LA FRANCE«?

Erst 20 Jahre später lüftete Renard das wirkliche Erfolgsgeheimnis der Lenkbarkeit seines Luftschiffes. Er begründete es in einer Rede vor Wissenschaftlern der Akademie mit den seitlich angeordneten Stabilisierungsflächen, die auf allen Zeichnungen und Stichen jener Zeit mit Bedacht weggelassen wurden. Augenzeugen hielten sie fälschlicherweise für Ausleger oder für Fallschirme.

Dennoch wurde die »LA FRANCE« in der Folgezeit nicht weiterentwickelt. Ursache hierfür war die viel zu geringe Kraft des Motors, der nur für wenige Augenblicke eine maximale Geschwindigkeit von 6,4 m/s zuließ – viel zu wenig, um selbst bei geringem Gegenwind zu bestehen.

Aber allen Zweiflern zum Trotz war unwiderlegbar bewiesen, dass dem Luftschiff die Zukunft in der bemannten Luftfahrt gehören kann.

Der Mann, der den Luftschiffen seinen Namen gab – Graf Zeppelin (1838 – 1917)

Ferdinand Graf von Zeppelin ist im Jahr der Jungfernfahrt der »LA FRANCE« 46 Jahre alt und kann schon eine sehr respektable Vita vorweisen, in der allerdings nichts darauf hinweist, dass er ein Viertel Jahrhundert später zum bedeutendsten Luftschiffbauer aller Zeiten und sein Name zum Synonym für Luftschiffe generell wird.

Am 8. Juli 1838 im heutigen »Steigenberger Inselhotel Konstanz« auf der Dominikanerinsel in Konstanz als Sohn des früheren fürstlich hohenzollernschen Hofmarschalls Friedrich Graf von Zeppelin und dessen Frau Amalie d'Hogguer geboren, ist ihm eine militärische oder diplomatische Laufbahn in die Wiege gelegt. Zeppelin durchläuft beide. Mit glänzenden Ergebnissen.

Nachdem er 1855 als Kadett in die Königliche Kriegsschule Ludwigsburg eintritt und diese drei Jahre später als Leutnant abschließt, lässt er sich für ein ziviles Studium in den Fächern Maschinenkunde und Chemie an der Eberhard-Karl-Universität Tübingen, die ihm später die Ehrendoktorwürde verleiht, immatrikulieren. Doch aufgrund vorsorglicher Mobilmachungspläne kann er das Studium nicht beenden, denn er wird inmitten seiner Studienzeit zurück in den Armeedienst befohlen.

Im Jahr 1863 reist er auf eigenen Wunsch nach Nordamerika, weil dort gerade ein blutiger Sezessionskrieg wütet und sich zum Schauplatz modernster Waffen und Kriegstaktiken entwickelt, wovon er sich vor Ort überzeugen will. Zeppelin bekommt sogar eine Privataudienz beim Präsident Abraham Lincoln – eine außergewöhnliche Ehre für den ausländischen Staatsbürger.

■ Am 18. April 1863 steigt Graf Zeppelin als einer der ganz wenigen registrierten ausländischen Beobachter im Amerikanischen Bürgerkrieg zum ersten Mal in eine gefesselte Charliére, um sich von der Möglichkeit zu überzeugen, mit dieser mobilen Technik Fernerkundungen feindlicher Truppen durchzuführen.

Verwundert beobachtet er im Frontgebiet die Verwendung einer gefesselten Charliére als Rekogniszierungsmittel. Er lässt es sich auch nicht nehmen, wie nicht anders zu erwarten, selbst an einem solchen Ballonaufstieg teilzunehmen. Aus rein militär-technischem Interesse. Und ist überrascht ob der verblüffenden Fernsicht auf den aktuellen Frontverlauf. Diese Auffahrt prägt sich tief in sein Bewusstsein ein.

Im Deutsch-Französischen Krieg 1870/71 sorgt er nicht nur mit einem sehr gewagten Erkundungsritt, dem historischen Schirlenhofritt, hinter die feindlichen Linien für unerhörtes Aufsehen auf beiden Seiten und dort für die ersten Todesopfer des Krieges überhaupt, sondern beobachtet später, wie französische Charliéren aus dem eingeschlossenen Paris mit bedeutenden Persönlichkeiten wie dem Innenminister Léon Gambetta, Tausenden Brieftauben und beträchtlichen Vermögenswerten an Bord, über die deutschen Truppen hinweg irgendwo im Hinterland landen. Unerreichbar für die deutsche Artillerie. Auch er fragt sich: Wie kann man solche Ballone lenkbar machen?

Ende März 1874 bekommt der wissbegierige Zeppelin ein druckfrisches Exemplar des Vortrages von Generalpostmeister Heinrich von Stephan über »Weltpost und Luftschifffahrt« in die Hände. Ein Viertel Jahrhundert später wird er offenbaren, dass dieser Vortrag es war, der ihn zum Nachdenken über den Bau eines Luftschiffes anregte. Ironie der Geschichte: Weder Zeppelin noch von Stephan erfuhren jemals, dass sie in 12. bzw. 9. Generation mit einem Heinrich Huber (1558–1590) aus St. Gallen eine Ahnengemeinschaft bildeten.

In seinem Tagebuch findet man unter dem 25. März 1874 tatsächlich die erste nachweisbare Niederschrift samt Zeichnung zum Thema Luftschifffahrt. In dieser Anfangsphase seiner Beschäftigung mit Luftschiffen fällt auf, dass für Graf Zeppelin eine zivile Nutzung im Vordergrund steht.

Dem Zeitgeist und seiner gehobenen gesellschaftlichen Stellung geschuldet, behält er diese und später auch interessante weiterführende Gedanken, besonders nach den aufsehenerregenden Fahrten der »LA FRANCE« im August 1884, zunächst streng für sich. Er will nicht verlacht und als Irrer verspottet werden, denn die herrschende Meinung unter Wissenschaftlern und Militärs (vertreten auch durch Hermann von Helmholtz) focht die Möglichkeit der Lenkbarmachung der Ballone trotzdem immer noch prinzipiell an.

Gleichwohl lösen die Nachrichten aus Paris in Zeppelins Leben eine Zäsur aus. Von nun an häufen sich geheime Aufzeichnun-

▪ Am 24. Juli 1870, einem Sonntag, durchbricht Graf Zeppelin in einer Nacht- und Nebelaktion mit einigen Dragonern als erste Deutsche bei Lauterbourg die deutsch-französische Grenze. Dieser wagemutige Erkundigungsritt erregte international großes Aufsehen und ging als »Schirlenhofritt« in die Geschichte des deutsch-französischen Krieges 1870/71 ein.

gen zum Luftschiffthema und kommentiert er diesbezügliche Zeitungsnotizen in seinen Tagebüchern. Gedanklich hat er sich um diese Zeit wohl schon vom tristen Militärdienst verabschiedet.

Ein Jahr später, am 29. September 1885, entbindet König Karl I. Zeppelin vom militärischen Dienst und ernennt ihn zum Militärbevollmächtigten der Württembergischen Gesandtschaft in der Reichshauptstadt Berlin. Die unweit von seinem Dienstort gerade etablierte Preußische Luftschifferabteilung erregt sein besonderes Interesse. Oft ist er nun stiller Beobachter der Übungen auf dem dortigen Exerzierfeld.

Das Thema Luftschifffahrt lässt Zeppelin inzwischen nicht mehr los, und er wagt sich im Frühjahr 1887 mit einer Denkschrift über die »Notwendigkeit der Lenkballone« für die Kriegführung an seinen König. Doch von diesem, gegenüber allen technischen Problemen gleichgültig reagierenden und inzwischen amtsmüde gewordenen Monarchen, erntet Zeppelin eine brüske Abfuhr. Auch ein vertrauliches Gespräch mit dem Generalstabschef von Schlieffen bringt ihn keinen Zentimeter weiter in seinem Bestreben, Deutschland für den Bau eines kriegstauglichen Luftschiffes zu überzeugen. Zurück bleibt ein in seiner Selbstüberzeugtheit zutiefst verletzter Graf Zeppelin.

Zusammen mit einigen ernsthaften Zerwürfnissen mit der übergeordneten preußischen Militärführung kommt es schließlich Ende 1890 zum allseitig gütlichen Ausscheiden Zeppelins aus allen militärischen Diensten und staatlichen Ämtern – freilich nicht ohne die höchstmögliche Pensionszusicherung, Beförderung zum Generalleutnant und dem Verbleib als militärischer Berater des Königs.

Karl I. stirbt kinderlos am 6. Oktober 1891. An seine Stelle tritt Wilhelm II., ein moderner Monarch, der intelligent und auch technisch gut gebildet ist. Als Kind und Jugendlicher stand er einst unter den Fittichen des zehn Jahre älteren Grafen Zeppelin, was für die Umsetzung der Zeppelinschen Ideen nur wenige Jahre später sehr förderlich werden sollte.

Dank seiner Pensionierung Ende 1890 kann Graf Zeppelin seinen Lebensentwurf von Grund auf ändern. Statt bedenken- und widerstandslos Befehle anderer auszuführen oder solche selbst den Untergebenen zu erteilen oder auf der politischen Bühne unbefriedigende Kompromisse auszuhandeln oder weiterhin gegen seine partikularistischen Überzeugungen in politischen Hinterzimmern intrigieren zu müssen zwischen preußischer Bevormundung und badischem Bürgerstolz, will er nun in die Wirtschaft wechseln und Alleinunternehmer werden. Sein neuer Lebensplan sieht nun den Bau eines Luftschiffes vor.

Das will er und daran glaubt er – also muss es ihm auch gelingen!

Ein gewisses technisches Grundverständnis für das Projekt und ziemlich gute finanzielle Voraussetzungen besitzt er allemal. Was ihn aber für das Vorhaben besonders auszeichnen wird, ist sein allseits anerkanntes menschliches Wesen, seine Teamfähigkeit und nicht zuletzt ein unerbittlicher Starrsinn bei der Umsetzung eines einmal festgelegten Planes.

Zwischen 1894 und 1899 tagen auf Antrag Zeppelins mehrmals hochkarätige Prüfungskommissionen mit Technikwissenschaftlern und Militärs von der PLA in Berlin. Aber immer wieder kommen sie zu abschlägigen Bescheiden: Fantasterei, technisch nicht durchführbar, kriegsuntauglich, zu teuer… Und abschließend: Es »muss dem Königlichen Kriegsministerium angeraten werden, von der Ausführung des Projektes des Generalleutnants Grafen Zeppelin Abstand zu nehmen.«

Zeppelins Starrsinn entscheidet sich jedenfalls, keinen Abstand zu nehmen.

Der starrsinnige Zeppelin wäre nicht der Erfinder des »starren Systems«, wenn er jetzt aufgeben würde. Im Gegenteil. Nachdem sich der Verein Deutscher Ingenieure Zeppelins Ideen annimmt, kommt Fahrt in das Projekt. Schließlich veröffentlicht der Vorstand des VDI am 30. Dezember 1896 den denkwürdigen Aufruf zu Gunsten des Zeppelinprojektes, der in der Luftfahrtgeschichte eine Einmaligkeit darstellt. Nie zuvor und danach haben sich deutsche Ingenieure so eindeutig hinter ein Luftschiffprojekt gestellt. Der Aufruf schließt mit dem dringlichen Appell: »So kann nur auf die gemeinnützige und opferwillige Geneigtheit derjenigen Kreise, welche dazu im Stande sind, insbesondere die Vertreter der deutschen Industrie, die Hoffnung gesetzt werden, dass sie die zur Aufbringung der bedeutenden Mittel sich bereitfinden möchten.« Er ist die Gründungsurkunde der modernen Luftschifffahrt.

Zeppelin gründet die »Gesellschaft zur Förderung der Luftschifffahrt AG«, deren Ziel es ist, genügend Geld zu sammeln, um ein fahrtüchtiges Versuchsluftschiff nach den Plänen Zeppelins zu bauen und zu erproben.

Die erhofften 800 000 Mark kommen tatsächlich zusammen. Zeppelin steuert allein 400 000 Mark bei, und so kann noch im April 1899 mit dem Bau des Prototyps aller Zeppeline begonnen werden.

▪ Graf Zeppelin durchläuft bis zu seinem Eintritt als Luftschifferfinder nicht nur eine respektable militärische Laufbahn, sondern er macht auch eine außerordentliche diplomatische Karriere bis hin zum Bevollmächtigten Gesandten des Königreiches Württemberg im Deutschen Bundesrat in Berlin.

LZ 1 »DEUTSCHLAND« – Technologiedemonstrator oder technologische Sackgasse? (1900)

Ausgehend von Zeppelins festgelegten Grundprinzipien und den detaillierten Berechnungen des international hochgeachteten Maschinenbauingenieurs Prof. Bach konstruieren und bauen seine Ingenieure Kober, Burr, Kübler und Dürr ab Sommer 1899 den ersten »Zeppelin« LZ (**L**uftschiff **Z**eppelin) 1. Als Antwort auf die Renardsche »LA FRANCE« nennt der Graf sein Luftschiff »DEUTSCHLAND«. Es ist der Technologiedemonstrator aller je gebauten Zeppeline.

Das Alleinstellungsmerkmal seiner Luftschiffidee ist die Struktur des Tragkörpers. Während bei unstarren und halbstarren Luftschifftypen der Tragkörper lediglich ein langgestreckter Aerostat ist, dessen Hülle durch einen erhöhten Innendruck straff gehalten wird, besitzt ein Zeppelin ein innen liegendes starres Gerüst aus mehreren Längsträgern, die durch Ringe und kilometerlange Spanndrähte sowie Ring- und Dia-

▪ Der Technologiedemonstrator LZ 1 »DEUTSCHLAND« im Bau (Erstfahrt 2. Juli1900). Graf Zeppelin will mit ihm nachweisen, dass sein favorisiertes Prinzip eines starren Luftschiffes aufsteigen, fahren und landen kann wie pralle und halbstarre Luftschiffsysteme auch – allerdings mit wesentlich größeren Traglasten, Reichweiten und Sicherheitsstandards.

▪ Das filigrane Gerüst des Zeppelins reagierte sehr störanfällig auf Stöße, Knickungen und Verdrehungen. Kritiker bezweifelten, ob dieses »Monstrum« überhaupt auf festem Boden landen könne.

■ Das Heck des LZ 1 »DEUTSCHLAND« lugt aus der schwimmenden Halle auf dem Bodensee. Der See ist heute glatt. Es herrscht kaum Wind. Das sind günstige Voraussetzungen, um mit dem fragilen Luftschiff eine Auffahrt zu wagen.

gonalstreben miteinander verbunden sind und nur auf diese Weise die Formstabilität des Tragkörpers gewährleistet.

Das Gewicht dieser viele Tonnen schweren Struktur muss zusätzlich vom Volumen des Traggases kompensiert werden, weshalb die Zeppeline immer viel größer sein müssen als nichtstarre Luftschifftypen.

Über diese Struktur wird die Hülle gezogen und anschließend in einem aufwendigen Verfahren straff gespannt. Die Gasballons hängen unabhängig voneinander zwischen den Ringen.

Alle anderen Luftschiffbestandteile wie Gondeln, Motoren, Propeller, Leit- und Steuereinrichtungen, Fahrgestell, Tanks usw. sind starr an der Struktur befestigt.

Dagegen hängen diese Teile an unstarren oder halbstarren Luftschifftypen mehr oder weniger lose am Ballon.

Der erste Zeppelin ist 128 m lang, hat einen Durchmesser von 11,7 m und wird von 11 700 m³ Wasserstoffgas getragen.

Noch nie zuvor war ein Aerostat dieser Größe geplant, geschweige denn gebaut worden. Und es glauben auch nur die Wenigen im Umkreis des Grafen an die technische Ausführbarkeit der Konstruktion und die Fahrtüchtigkeit des mehrere Tonnen schweren Kolosses im Luftraum, von den Risiken beim Landen auf festem Boden ganz zu schweigen.

Deshalb sah Zeppelin dem bevorstehenden Erststart seines Luftschiffes mit

■ Nachdem der Zeppelin mitsamt Floß aus der Halle geschleppt wurde, heißt es »Leinen los!«, und der nun allein dem Archimedischen Prinzip gehorchende Koloss steigt ohne Zutun wie eine Charliere aerostatisch auf. Erst ab einer gewissen Höhe beginnen die Motoren ihre Arbeit.

Bangen und Hoffen entgegen: Könnte die »DEUTSCHLAND« die Machbarkeit seiner gewählten Technologie erfolgreich demonstrieren? Würden die gewonnenen Erkenntnisse aus den Fahrten genügen, um den Staat und das Militär zu animieren, sich endlich seinem Luftschiffsystem zu öffnen und vielleicht sogar solche Luftschiffe in Serie fertigen?

Die Form des Tragkörpers war streng symmetrisch und erinnert an eine riesige Zigarre mit 24-eckigem Querschnitt entsprechend den 24 Längsträgern als bestimmendem Teil der Struktur. Stabilisiert wurden sie durch 16 Ringe, die über die gesamte Länge verteilt waren. Das 96 m lange Mittelstück setzte sich aus elf 8 Meter und zwei 4 Meter langen querschnittsgleichen Abteilen zusammen. Bug und Heck waren paraboloidförmig und besaßen ebenfalls je zwei 8 m lange Abteile. Die Längs- und Querträger aus Aluminium waren in Flach-, T-, L- und Winkelprofilen gefertigt und miteinander vernietet. Ihre Gesamtlänge betrug mehr als 10 km und ihr Gewicht 4,5 t.

In allen 17 Abteilen hingen mit Wasserstoff gefüllte Gassäcke, die den aerostatischen Auftrieb bewirkten.

Unterhalb des Tragkörpers hing, ebenfalls starr mit dem Tragkörper vernietet, ein fast 100 m langer Steg. Zwischen dem 4. und 5. sowie dem 12. und 13. Ring, diese zwei Segmente waren nur 4 m lang, befanden sich die beiden 6 m langen und 1,80 m breiten Gondeln für die 5-köpfige Besatzung, die beiden Motoren, die Getriebe, die Kraftstoffbehälter, die Navigationsinstrumente, zwei Anker, verschiedene Werkzeuge und die mit Wasser und Sand befüllten Ballastsäcke. Für die Kommunikation zwischen den beiden Gondeln standen zwei Sprachrohre, ein Maschinentelegraf und eine Glocke zur Verfügung.

Das Luftschiff konnte nur aerostatisch wie ein Ballon mittels Ballastabgabe aufsteigen und durch Gasablassen wieder sinken. Es existierte ein ausgeklügeltes Ballastverteilungs – und bediensystem. Hierzu gehörten einerseits vier große 200 kg schwere Wassersäcke am 3. und 14. sowie am 8. und 9. Ring, andererseits vier jeweils 40 kg schwere Sandsäcke am 2. und 16. sowie am 7. und 10. Ring. Alle Ballastsäcke konnten von der Führergondel aus mittels Leinen bedient werden.

Für die Vertikalsteuerung während der Fahrt sollte ein 100 kg schweres Bleigewicht entlang der Längsachse aus der Mittelpunktstellung jeweils bis zu 7 m nach vorn oder hinten verschoben werden und dadurch die Luftschiffnase heben oder senken. Es hing an einer Stahltrosse 26 m unter dem Ballon und konnte mit einer Kurbel von der Buggondel aus bewegt werden. Da dies jedoch schon bei der ersten Auffahrt überhaupt nicht funktionierte, brachte man es schon bei der zweiten Auffahrt innerhalb des Steges zwischen den Gondeln an einer langen Stange an.

Zur Seitensteuerung dienten zwei Steuerpaare aus je 9 m² straff gespanntem Baumwollstoff in rechteckigen Aluminiumrahmen. Sie waren ebenfalls starr am Tragkörper befestigt. Das eine senkrecht stehend vorn oberhalb und unterhalb am ersten Ring, das zweite ebenfalls senkrecht stehend, hinten seitlich am 15. Ring.

Das Luftschiff war mit zwei vierzylindrigen Daimler-Motoren bestückt, die unter Anleitung von Wilhelm Maybach zuvor gründlich getestet wurden. Bei knapp 700 Umdrehungen in der Minute leisteten sie ca. 11 kW (knapp 15 PS). Ihre Masse betrug gewaltige 385 kg. Der Brennstoffverbrauch lag bei etwa 540 g/kWh. Die Motoren trieben über ein Umkehrgetriebe mittels Rohrwellen zwei Paar vierflügelige Aluminiumpropeller von 1,2 m Durchmesser und 15 kg Masse an. Sie waren seitlich etwa in Höhe der Luftwiderstandsmittelebene des Luftschiffes vorn am 4. und hinten am 13. Ring fest verschraubt. Die Drehzahl war mit 100 je Minute vorgegeben. Die Motoren wurden durch ein raffiniertes Kühlsystem am Laufen gehalten. Das Kühlwasser befand sich nämlich in einem am Laufsteg entlanglaufenden Schlangenrohr mit insgesamt 27 m² großen Abkühlungsflanschen. Eine mit dem jeweiligen Motor verbundene Zentrifugalpumpe bewegte das Wasser dauerhaft im Kreislauf, sodass es immer wieder von Neuem dem Motor in gekühlem Zustand zugeführt wurde. Die Zündung der Motoren erfolgte elektrisch mittels Magnetinduktor.

Große Probleme machte Zeppelin die Qualität der Gaszellen.

Auch die Füllung der Ballone in der Manzeller schwimmenden Halle erwies sich als sehr kompliziert, enorm gefährlich und zeitaufwendig.

Für Graf Zeppelin stand von Anfang an fest, dass er in seinem Luftschiff die aeronautische Führung übernehmen werde. Testamentarisch hatte der Graf wohlweislich vorgesorgt.

Die Jungfernfahrt der »DEUTSCHLAND« findet am 2. Juli 1900 unter Teilnahme von mehr als 12 000 Neugierigen statt.

Die insgesamt nur 20 Minuten dauernde Fahrt demonstriert zwar die Stabilität des Gerüstes und bestätigt die Richtigkeit der neuen Technologie, kann aber die Steuerfähigkeit des Luftschiffes nur minutenweise sichtbar und spürbar machen. Völlig unzufrieden sind die Fachleute mit der erreichten maximalen Geschwindigkeit von nur 6,2 m/s. Selbst bei geringstem Gegenwind kommt das Schiff kaum von der Stelle.

Auch die beiden Wiederholungsfahrten am 17. und 21. Oktober 1900 bringen hinsichtlich der Steuerbarkeit und der Fahrgeschwindigkeit keine zufriedenstellenden Ergebnisse. Es sind die gleichzeitig letzten der »DEUTSCHLAND«. Nur wenig später muss Graf Zeppelin die eigens gegründete »Gesellschaft zur Förderung der Luftschifffahrt« auflösen und die Werft- und Bergehalle sowie den »Zeppelin« abbrechen.

▪ Es sieht nicht nur gefährlich aus, wie sich das Luftschiff »völlig schwerelos« über den Bodensee erhoben hat! Von einem gesteuerten Fahren kann mit diesem Fahrzeug freilich noch keine Rede sein.

Zur Vorgeschichte der Zeppeline NT

▪ Der Prototyp der Zeppeline LZ 3 (Erstfahrt 9. Oktober 1906) war das experimentierfreundlichste Luftschiff seiner Zeit. Im Mittelpunkt stand die Suche nach effektiveren Steuer- und Stabilisierungseinrichtungen. Dabei verwendete Ludwig Dürr ein Modell in dem eigens gebauten Windkanal. Nach zahlreichen aufsehenerregenden Ziel- und Dauerfahrten des Zeppelins kaufte ihn das Heer und führte ihn fortan unter der Kennzeichnung Z I.

In den Augen der öffentlichen Meinung, aber besonders der »Experten« im Kaiserlichen Kriegsministeriums, ist das Zeppelinsche Luftschiffprojekt »DEUTSCHLAND« spätestens nach den zwei Oktoberauffahrten 1900 gescheitert.

Doch nicht in den Augen des Grafen Zeppelin. Im Gegenteil. Er ist mehr denn je davon überzeugt, das einzig richtige Luftschiffsystem erfunden zu haben. Hierin fühlt er sich, einer göttlichen Fügung gleich, durch die allgemeine technische Entwicklung zu Beginn des neuen Jahrhunderts absolut bestätigt. Deshalb gründet er 1905 eine neue Baugesellschaft für seine Luftschiffe.

Vor allem die rasant steigende Automobilproduktion im Deutschen Reich sorgt kontinuierlich für leistungsstärkere, leichtere, effektivere, zuverlässigere und preiswertere Motoren. Und die besten Motorenbauer Deutschlands Daimler, Benz und Maybach haben ihre Werkstätten in Zeppelins unmittelbarer Nähe.

In der von Prof. Bach gegründeten Materialprüfanstalt Stuttgart finden im Auftrag des Grafen intensive Untersuchungen zu neuartigen Aluminiumlegierungen und Trägerprofilen unter wechselnden Zug-, Druck- und Torsionsbelastungen statt. Im Ergebnis einigt man sich auf den sogenannten Dreieckstäger. Er wird zum Markenzeichen aller bis heute in Friedrichshafen gebauten Tragkörpergerüste für Zeppeline.

Ludwig Dürr experimentiert indessen emsig mit verschiedenen Zeppelin-Modellen im neuen Windkanal. Ihm geht es um effektivere Steuer- und Leiteinrichtungen.

Sechs Jahre nach den wenig überzeugenden Fahrten der »DEUTSCHLAND« erlebt der dritte Zeppelin am 9. Oktober 1906 seine Erstfahrt. Und diesmal macht der Zeppelin Furore. Selbst der Kaiser lässt es sich nicht nehmen, eigens nach Friedrichshafen zu kommen.

Nach 45 Fahrten über fast 4500 km mit zahlreichen Starts und Landungen auf festem Boden, darunter eine Achtstundenfahrt mit 25 Personen an Bord, beschließt der Reichstag 1908, diesen Zeppelin für zwei Millionen Reichsmark zu kaufen und umgehend zu einem Kriegszeppelin umzurüsten. So wird aus dem zivilen LZ 3, dem Prototyp aller Zeppeline, der Heereszeppelin Z I. Er diente nach zahlreichen technischen Umrüstungen und Modernisierungen noch fünf Jahre dem Heer, zuletzt als Ausbildungsschiff für Luftschiffer.

Von dem Verkaufserlös lässt Graf Zeppelin den vierten Zeppelin bauen, der ebenfalls für das Heer bestimmt ist. Doch es kommt anders. Ganz anders. Während seiner Abnahmefahrt verunglückt das Luftschiff am 4. August 1908 bei Echterdingen als Folge mehrerer unglücklicher Umstände so schwer, glücklicherweise aber ohne Verletzte, dass es nur als riesiger Schrottberg zurück nach Friedrichshafen gebracht werden kann. Dieses »glücklichste Unglück in der Geschichte der Luftfahrt« spült dank einer sensationellen »Volksspende« mehr als acht Millionen Reichsmark in die Kassen des Grafen. Diese Mittel investiert er in mehrere Gesellschaften, unter anderem auch in die Gründung der ersten zivilen Luftverkehrsgesellschaft der Welt, der »Deutschen Luftschifffahrts AG« (Delag) mit Sitz in Frankfurt am Main. Sie lässt fortan ausschließlich zivile Zeppeline für den Tourismusbetrieb in der Friedrichshafener Werft bauen.

Die sieben Zeppeline LZ 6, LZ 7 »DEUTSCHLAND«, LZ 8 »ERSATZ DEUTSCHLAND«, LZ 10 »SCHWABEN«, LZ 11 »VIKTORIA LUISE«, LZ 13 »HANSA« und LZ 17 »SACHSEN« beförderten auf Rund- und Zielfahrten jeweils bis zu 20 Reiselustige während zumeist ein- bis zweistündiger Fahrten durch die Lüfte.

Sie sind die direkten Vorläufer der modernen Zeppeline NT.

Das bis dahin technisch ausgereifteste Luftschiff, die »SACHSEN«, wird am 3. Mai 1913 in Dienst gestellt. Seine spektakulärste Fahrt hat der Zeppelin am 9. Juni 1913, als er unter der Führung des inzwischen 75-jährigen Graf Zeppelin von Baden-Oos über Stuttgart, Ingolstadt, Passau und Linz nach Wien fährt, wo ihm Kaiser Franz Joseph I. im Schloss Schönbrunn einen glorreichen Empfang bereitet. Für die 760 km lange Strecke benötigt das Luftschiff 9 ½ Stunden, was einer Durchschnittsgeschwindigkeit von 80 km/h entspricht. Das ist eine ideale Geschwindigkeit für ein Reiseluftschiff.

Bei Inbetriebnahme der 140 m langen »SACHSEN« hatte sie ein Traggasvolumen von 19 500 m^3. Das ermöglichte dem Luftschiff, eine Nutzlast von 10 t mit sich zu führen. Es wurde von drei Maybach-Motoren mit je 165 PS angetrieben.

Der Fahrkomfort in der Passagierkabine war beachtlich. Die Innenarchitektur im Jugendstil entsprach ganz dem damaligen Zeitgeist. Der Fußboden war mit einem weichen, schallschluckenden Teppich ausgelegt. Tropische Hölzer mit Perlmuttverzierungen verkleideten die Wände. Man saß in Doppelreihen in bequemen, lederbezogenen Korbstühlen und ließ sich von einem Stewart mit kleinen Snacks und diversen Getränken verwöhnen. Selbstverständlich existierte an Bord ein WC mit Waschgelegenheit und eine Poststelle mit Funkmöglichkeiten zur Außenwelt.

Jeder Passagier konnte über Freigepäck bis zu 20 kg verfügen.

Am begehrtesten waren stets die Fensterplätze, denn während der Fahrt ließen sich die Fenster öffnen.

Rauchen an Bord war wegen des Wasserstoffgases im Tragkörper allerstrengstens verboten.

Insgesamt befördert die »SACHSEN« in ihrem einzigen Jahr als Touristenschiff (mit Ausnahme der Wintermonate, in denen das Luftschiff von Dezember 1913 bis März 1914 an die Marine-Luftschifferabteilung in Hamburg-Fuhlsbüttel als Schulschiff ausgeliehen war) während 419 Fahrten knapp 10 000 Personen.

Die drei erfolgreichsten Delag-Zeppeline »HANSA«, »VIKTORIA LUISE« und »SACHSEN« befördern mehr als 30 000 Fahrgäste. Dabei legen sie eine Entfernung zurück, die dem Dreieinhalbfachen des Erdumfanges entspricht.

Damals gehörte es zum Renommee jeder deutschen Großstadt, eine eigene oder eine Delag-eigene Zeppelinhalle auf ihrer Gemarkung zu besitzen.

Diese glückliche Entwicklung wurde jedoch durch den Ausbruch des I. Weltkrieges jäh unterbrochen. Alle Delag-Zeppeline und Luftschiffhallen wurden vom Militär requiriert. Die Luftschiffe machten Kriegsdienst an der West- und Ostfront sowie auf der Ostund Nordsee. Das Ende des Krieges erlebte keines der Delag-Zeppeline.

Nach dem Ende des I. Weltkrieges glaubten die Friedrichshafener Zeppelinbauer, an die erfolgreiche Tradition der Delag-Zeppeline anknüpfen zu können.

Die beiden in kürzester Frist fertiggestellten Zeppeline LZ 120 »BODENSEE« und LZ 121 »NORDSTERN« wurden als Verkehrsluftschiffe konzipiert und gebaut. Diese »Schnellläufer« sollten mit dem Individualverkehr auf Straße und Schiene konkurrieren können. Doch dazu kam es erst gar nicht, weil die Siegermächte Frankreich und Italien die beiden Verkehrszeppeline 1921 kurzerhand als »Kriegsentschädigung« beschlagnahmten.

Ähnlich dem Zeppelin LZ 3 wurden beide Luftschiffe nach Besitznahme unverzüglich in Kriegszeppeline umgerüstet.

Auch einem weiteren deutschen zivilen Zeppelin erging es so. Als Reparationsleistung an die Vereinigten Staaten von Amerika bot Hugo Eckener Anfang 1922 den Bau und die persönliche Überführung eines neuen Zeppelins in die USA an. Dieser Deal entsprach ganz den Vorstellungen der US-Navy, die um diese Zeit mit dem Bau eines eigenen Kriegszeppelins begann, der ein direkter Nachbau des eroberten LZ 96 = Marinezeppelin L 49 war (ZR-1 »SHENANDOAH«). Dieser fiel ihnen 1917 nach einer Notlandung in Frankreich unversehrt in die Hände.

Nach nur zweijähriger Bauzeit in der Friedrichshafener Werft landete 1924 das damals größte Luftschiff der Welt, das

■ Das Luftschiff LZ 17 »SACHSEN« (Erstfahrt 3.Mai 1913) galt bis zum Ausbruch des I. Weltkrieges als Flaggschiff der Delag-Zeppelinflotte. Nostalgische Erinnerungen an traumhafte touristische Fahrten in ihm und seinen beiden Schwesterschiffen LZ 11 »Viktoria Luise« und LZ 13 »HANSA« motivierten zum Ende des vergangenen Jahrhunderts einige Häfler, das Zeppelinprojekt wieder aufzunehmen.

▪ LZ 121 »NORDSTERN« (Erstfahrt 8.6.1921) gehörte wie ihr Schwesterschiff LZ 120 »BODENSEE« (Erstfahrt 20.8.1919) der Delag und war für den Linienverkehr Berlin – Stockholm vorgesehen. Dazu kam es jedoch nicht, weil Frankreich und Italien als Bestrafung für die Selbstvernichtung fast aller noch vorhandenen deutschen Kriegszeppeline im Juni 1919 diese beiden Zeppeline beschlagnahmten und zu eigenen Kriegszeppelinen umbauten.

»Amerikaluftschiff« LZ 126, in New York. Auf schnellstem Weg wurden die plüschbezogenen Schlafsessel und alles zivile Inventar ausgebaut und durch militärische Möbel ersetzt. Als wichtigste Umrüstungsmaßnahme wurde der Austausch des hochexplosiven Wasserstoffes durch unbrennbares Helium durchgeführt. Dadurch wurde dieser Zeppelin (ZR-3 »LOS ANGELES«) zum einzigen deutschen Zeppelin, der je mit Helium als Traggas gefüllt war

Nach Aufhebung des Bauverbotes für Zeppeline in Deutschland gehen die Friedrichshafener Zeppelinbauer an die Umsetzung eines uralten Traumes des Grafen Zeppelin, einen regelmäßigen zivilen transatlantischen Verkehr mit Zeppelinen zu etablieren. Mit dem LZ 127 »GRAF ZEPPELIN« als Prototyp einer neuen Klasse von Riesenzeppelinen sollte dieses Ansinnen weltweit publik gemacht werden. Deswegen machte sich Eckener 1928 mit dem »Graf« auf die erste Weltumfahrt mit einem Luftfahrzeug in der Geschichte der Menschheit.

Nach dieser grandiosen Fahrt entschließen sich auch die USA und Großbritannien, Riesenzeppeline zu bauen.

Die US-Navy bestellt bei amerikanischen Luftschiffbauern zwei Riesenzeppeline, »AKRON« (ZR-4) und »MACON« (ZR-5) als Fernaufklärer, während Großbritannien und Deutschland die Zukunft der Riesenzeppeline eher im zivilen sehr gehobenen Langstreckenluftverkehr sehen.

■ LZ 127 »GRAF ZEPPELIN« (Erstfahrt 18.9.1928) galt für Hugo Eckener und die Friedrichshafener Luftschiffbauer als Prototyp einer neuen Zeppelingeneration – die Riesenzeppeline. In die Geschichte der Luftfahrt ging der Zeppelin nicht nur mit der spektakulären Weltfahrt im August 1929 ein, sondern auch mit der Polarfahrt im Juli 1931 und den zahlreichen Linienfahrten nach Südamerika ab 1930 und Rundfahrten über dem Orient. Ende 1940 wurde er, zusammen mit dem Riesenzeppelin LZ 130 und der großen Frankfurter Luftschiffhalle, zerstört.

Die Briten wollen mit den selbst gebauten Luxuslinern R 100 und R 101 vor allem Verbindung zum indisch-pazifischen Raum und ihren dortigen Übersee-Kolonien aufnehmen, während Deutschland am transatlantischen Pendelverkehr festhält. LZ 129

▪ Die Luftschiffkatastrophe des LZ 129 »Hindenburg« am 6.Mai 1937 in Lakehurst (New Jersey, USA) beendete nicht nur die Luftschifffahrt mit wasserstoffgefüllten Tragkörpern, sondern auch die Zeit der Riesenluftschiffe zur Personenbeförderung.

»Hindenburg« ist bis zur furchtbaren Luftschiffkatastrophe vom 6. Mai 1937 in Lakehurst auf gutem Weg dahin. Auch ein zweiter Riesenzeppelin, der LZ 130 »GRAF ZEPPELIN II«, ist fast startklar, für einen dritten sind die Pläne abgesegnet und einzelne Teile bereits fertiggestellt.

Doch zu dieser Zeit sind die vier britischen und amerikanischen Riesenzeppeline schon allesamt nach Unglücksfällen mit Hunderten Toten zerstört oder aus diesem Grund abgewrackt. An eine Wiederaufnahme des Riesenzeppelin-Programms glaubt in diesen Ländern niemand mehr.

Während der Erstfahrt der »Hindenburg« am 4.3.1936 ist sie der einzige fahrtüchtige Riesenzeppelin weltweit.

Die Riesenzeppeline der »Hindenburg«-Klasse waren zwar dank ihrer luxuriösen Ausstattung und der großen Geschwindigkeiten seinerzeit jedem anderen transatlantischen Verkehrsmittel haushoch überlegen, hätten aber nicht erst heute keine Aussicht auf Akzeptanz mehr. Dazu bieten die modernen Kreuzfahrtschiffe für Reiselustige einen ungleich höheren Luxus und Erholungswert an Bord, und für eilige Geschäftsreisende und Transitgäste bringen die Großraumflugzeuge jeden Passagier viel schneller an ihr Ziel als es je ein Luftschiff schaffen könnte. Zu einem Wettstreit der verschiedenen Verkehrsmittel mit Zeppelinen kam es später ohnehin nie. Die furchtbaren Katastrophen der britischen und amerikanischen Riesenzeppeline und insbesondere des LZ 129 »Hindenburg« am 6. Mai 1937 in Lakehurst setzten der Zeppelinluftschifffahrt offenbar ein endgültiges Aus.

Riesenzeppeline als Schwerlasttransporter können hingegen durchaus eine Zukunft haben. Leider ist das um die Jahrtausendwende schon weit fortgeschrittene CargoLifter-Projekt in Brand bei Berlin gescheitert. Ein gigantischer 550 000 m³ großer Tragkörper sollte bis zu 160 t Schwerlast über mehrere tausend Kilometer befördern können.

War die Zeit damals einfach noch nicht reif für ein solch gigantisches Vorhaben oder war das Management den Anforderungen nicht gewachsen oder hatte die Politik ein böses Spiel mit versprochenen Fördermitteln gespielt?

Das CargoLifter-Projekt mit halbstarren Kielluftschiffen hatte für die Entwicklung der Zeppeline NT keine Bedeutung.

Die riesige ehemalige Werfthalle beherbergt heute ein tropisches Resort mit fantastischer Badelandschaft.

Eine wahre Sensation vermelden amerikanische Medien und Luftschiffbauer: Nach mehr als 80 Jahren fährt wieder ein »echter« Zeppelin am Himmel. »Pathfinder 1« ist der Technologiedemonstrator für den Bau weiterer amerikanischer Zeppeline, an deren Entwicklung und Bau die Friedrichshafener Zeppelin Luftschifftechnik GmbH & Co. KG maßgeblich beteiligt ist. So stammen die Gondel, die Leitwerke, das Fahrwerk, die Tankanlage, die Bugspitze zum Andocken an einen Landemast und andere Bauteile direkt aus der Friedrichshafener Werft.

In Sunnyvale/Kalifornien konzipierte und baute die 2013 von Alan Weston gegründete LTA (Lighter Than Air) Research & Limited erstmals wieder einen »echten« Zeppelin, das Starrluftschiff »Pathfinder 1«. Hinter dem Projekt steht der russischstämmige Google-Mitbegründer Sergey Brin.

Er konnte in den frühen Zehnerjahren aus nächster Nähe beobachten, wie der deut-

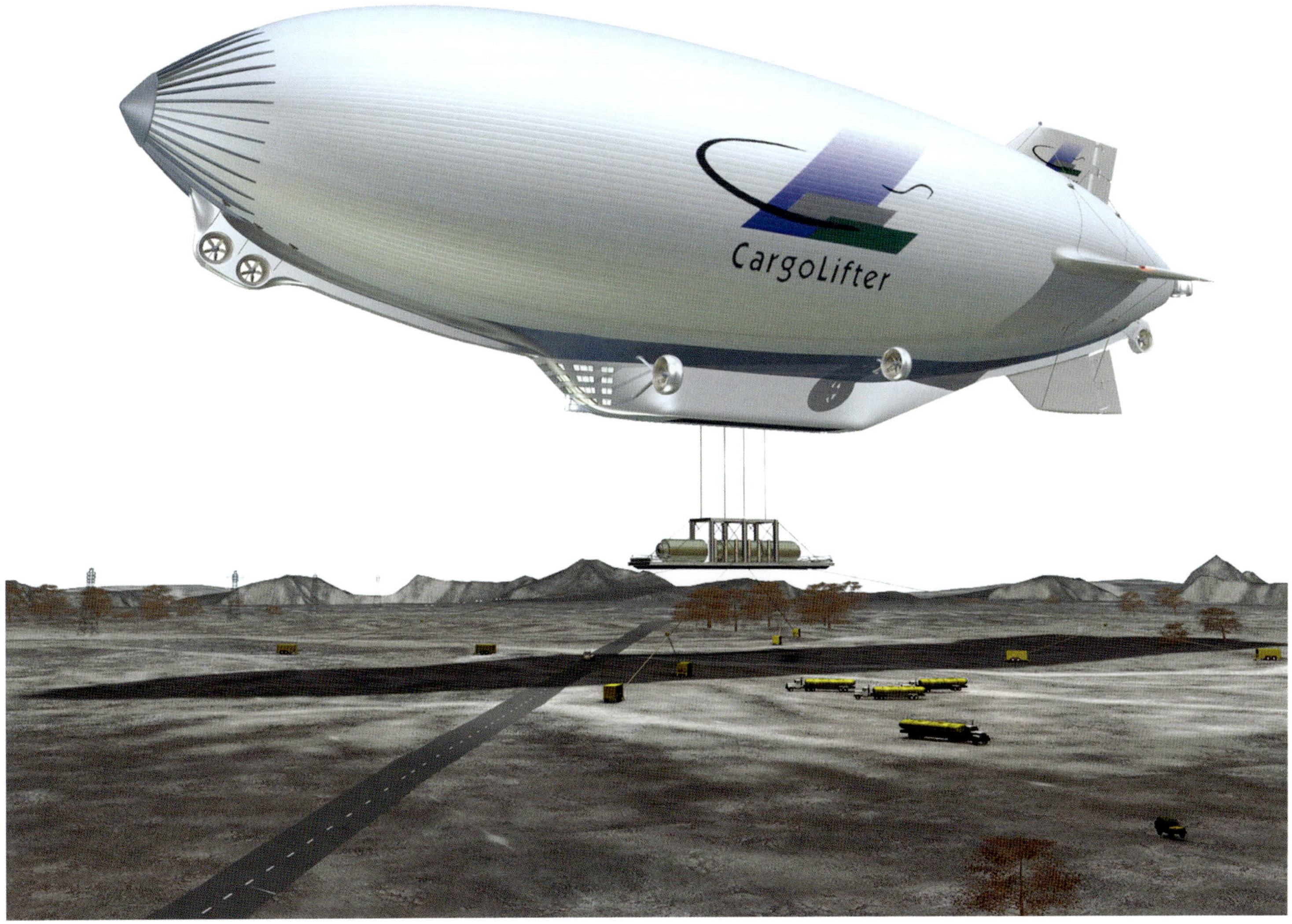

■ Riesenluftschiffe als Schwerlasttransporter sollte man nicht vorschnell als technische Sackgasse abtun. Das CargoLifter-Projekt in Brand scheiterte wohl eher an mangelndem Management und seriösen Investoren. (Modell)

▪ Wieder ein »echter« Zeppelin am Himmel (hier: am 15. Mai 2025 über der San Francisco Bay, Kalifornien). Der LTA-Technologiedemonstrator »Pathfinder 1« bei einem der zahlreichen Testflüge. Die Friedrichshafener ZLT ist an dem Projekt maßgeblich beteiligt.

sche Zeppelin NT (SN 04) »EUREKA« vom Moffett Field aus zu zahlreichen kommerziellen Flügen aufstieg. Das mag ihn bewogen haben, selbst auf dem Gebiet der bemannten Luftschifffahrt tätig zu werden.

Während das Unternehmen die Forschungs- und Konstruktionsarbeiten nach Akron verlegte, fand es in Sunnyvale, Kalifornien die benötigte Werfthalle.

Analog dem Vorgehen des Friedrichshafener Unternehmens in der Mitte der 90er Jahre des vergangenen Jahrhunderts testete auch das kalifornische Unternehmen vor dem Bau eines Prototypen an einem »Baby-Zeppelin« die grundsätzliche Machbarkeit des Projektes. Er war 15 m lang, besaß 12 Motoren und wurde elektrisch betrieben und ferngesteuert. Unbemannt.

Alle Tests verliefen zufriedenstellend. Deshalb begannen 2017 die Bauarbeiten am LTA-Technologiedemonstrator der neuen Zeppelinserie, dem »Pathfinder 1«. Sie dauerten mehr als sieben Jahre.

In dieser Zeit arbeitet das Konstruktionsbüro in Akron schon an dem um ein Drittel größeren »Pathfinder 3«, dem Prototyp der neuen amerikanischen Lastenträgerzeppeline. Dessen Bauarbeiten erfolgen im legendären Airdock. Dort, wo der Goodyear-Konzern in den 30er Jahren die riesigen Starrluftschiffe »Akron« und »Macon« baute.

Im September 2022 ist »Pathfinder 1« fertiggestellt. Das US-Bundesluftfahrtamt genehmigt Aufstiege, allerdings vorläufig nur bis zu einer Höhe von 460 m. Es ist damit das zurzeit größte zugelassene Luftschiff der Welt. An Bord sind nur geprüfte Luftschiffpiloten und Besatzungsmitglieder zugelassen.

Dem Zeppelin soll eine Serie bedeutend größerer Luftschiffe folgen. Sie sollen vorwiegend humanitäre Zwecke, zum Beispiel die Lieferung von Hilfsgütern und die Entsendung von Helfern in Katastrophengebiete sowie den schnellstmöglichen Abtransport Verletzter ermöglichen. Gedacht ist an Regionen der Welt, die nicht mehr mit Flugzeugen und Straßenfahrzeugen erreichbar sind.

»Pathfinder 1« ist 125 m lang, also halb so lang wie die legendäre »Hindenburg« und um die Hälfte länger als die Zeppeline NT. Er hat einen Durchmesser von 20 m und wird von 23 000 m^3 Heliumgas getragen, die auf 13 Abteilungen aufgeteilt sind. In der Gondel finden neben zwei Piloten 12 Passagiere Platz. Die zusätzliche Tragkraft soll 28 t betragen.

Das Starrluftschiff hat eine ähnliche innere Struktur wie die klassischen deutschen Zeppeline. Alle Tragteile bestehen aus ultraleichten Kohlefaserstoffröhren. Verwendung finden vorwiegend Materialien, die sich auch in der Weltraumtechnik bewährt haben.

Angetrieben wird »Pathfinder 1« von zwölf Elektromotoren, die sich in Vierergruppen jeweils versetzt an beiden Seiten und am Heck des Tragkörpers befinden. Diese Anordnung minimiert die störenden Verwirbelungen hinter den Propellern. Der Zeppelin wird mit 110 km/h unterwegs sein und auf eine Reichweite von bis zu 4500 km kommen.

Durch die Verwendung moderner Hybridtechnik, Solarstrom und Wasserstoff-Brennstoffzellen für den Antrieb wird sein CO_2-Fußabdruck geringer als der jedes anderen Transportmittels sein. Zur Hybridtechnik gehören zwei Dieselmotoren.

Im September 2022 finden in der Sunnyvaler Halle einige zaghafte Aufstiegs- und Fahr- sowie Steuerversuche statt. Im November 2023 führt die Bodenmannschaft den gefesselten Zeppelin zum ersten Mal nach außerhalb der schützenden Werft und führt ihn der Öffentlichkeit vor.

Am 24. Oktober 2024 findet die erste ungebundene Freifahrt auf dem Moffett Field statt. Inzwischen fanden schon mehrere erfolgreiche Testfahrten im Silicon Valley statt.

Die erste Freifahrt außerhalb Silicon Valley's Moffett Airfield führt »Pathfinder 1« am 15. Mai 2025 zur Bucht von San Francisco. Dort angelangt, vollführt er zwei große Schleifen und demonstriert eindrucksvoll seine Fahrtüchtigkeit.

Der Technologie-Demonstrator:

Wollen – Glauben – Gelingen (1991)

In den frühen achtziger Jahren des vergangenen Jahrhunderts nimmt das Interesse an der Luftschifffahrt wieder stark zu. Nicht nur in Friedrichshafen, der Geburtsstätte der Zeppeline, aber besonders hier. Nachdem sich bereits 1982 ein gemeinnütziger Zeppelinverein mit mehr als 1000 Mitgliedern aus aller Welt gegründet hat, bewirkt drei Jahre später die Errichtung eines 13 m hohen gusseisernen Zeppelin-Obelisken des in Manzell/Friedrichshafen geborenen Bildhauers Prof. Toni Schneider-Manzell eine enorme öffentliche Aufmerksamkeit. Unter dem Zeppelinporträt prangt einer der Leitsprüche des Grafen: »Man muss nur wollen und daran glauben – dann wird es gelingen.« Im selben Jahr eröffnet das Kultur- und Kongresszentrum »Graf Zeppelin-Haus« an der Uferpromenade seine Tore. Es verfügt über vier flexible Säle, die alle nach zentralen Personen aus dem unmittelbaren Umfeld des Grafen benannt sind: Hugo Eckener, Theodor Kober, Ludwig Dürr und Alfred Colsman. Weiterhin bietet das architektonisch ansprechende Haus 3700 m^2 Ausstellungsfläche sowie neun Konferenzräume.

Die Zeppelin-Begeisterung kulminiert in dem Wunsch des Zeppelinvereines, der Bürgerschaft und Tausender »Zeppeliner« aus aller Welt, die völlig überfrachtete und aus museal-pädagogischer Sicht hoffnungslos veraltete Zeppelinsammlung aus einem Seitenflügel des Rathauses herauszunehmen und dafür ein eigenes, repräsentatives Gebäude zu erwerben oder neu zu errichten und ein wirkliches Zeppelin-Museum zu betreiben. Der »Freundeskreis zur Förderung des Zeppelin-Museums« fand schnell ein ideales Gebäude, den denkmalgeschützten Hafenbahnhof inmitten der Stadt.

Tatsächlich erwarb Friedrichshafen unter maßgeblicher Federführung ihres Oberbürgermeisters Bernd Wiedmann 1988 das Grundstück von der Deutschen Bahn und baute den stillgelegten Bahnhof mit enormem Aufwand zu einem modernen, sehr anspruchsvollen Technikmuseum um. Die feierliche Eröffnung fand am 2. Juli 1996 statt.

Vielen reichte das aber nicht. Sie trauerten noch der Blütezeit der riesigen tech-

▪ Bevor man sich traute, den Demonstrator frei fliegen zu lassen, wurde er wochenlang fast täglich in gefesseltem Zustand sorgsam auf Herz und Nieren geprüft.

▪ Erfolgreicher Flug des gefesselten Luftschiffmodells.

nischen Wunderwerke nach und erinnerten sich nostalgisch an die majestätisch am Himmel dahingleitenden »Zigarren«. Viele kamen ins Schwärmen, wenn sie zurückdachten an Erzählungen ihrer Großeltern über Spazierfahrten in den Delag-Zeppelinen zu Beginn des Jahrhunderts.

In höchsten Tönen pries damals nicht nur der spätere Nobelpreisträger für Literatur Hermann Hesse seine Erstfahrt mit der »SCHWABEN« im Sommer 1911. Und er versprach: »Sobald ich wieder Gelegenheit finden werde zu fliegen, werde ich es mit tausend Freuden tun.«

Sehnsuchtsvoll hoffen Altzeppeliner und zahlreiche Häfler auf die Wiedergeburt der deutschen Zeppeline.

Dieses technophile Klima nehmen sowohl der 1985 als Oberbürgermeister gewählte und in dieser Funktion auch Aufsichtsratsvorsitzender des weltweit aktiven Technologiekonzerns Zahnradfabrik Friedrichshafen AG (ZF) Dr. Bernd Wiedmann als auch Max Mugler, Geschäftsführer der Luftschiffbau Zeppelin GmbH (LZ) begeistert auf. Sie beauftragen Mitte 1989 eine kleine Arbeitsgruppe mit den Herren Hagenlocher, Windischbauer, Breiting, Fischer, Sauter u. a., die prinzipielle Machbarkeit eines modernen Luftschiffes zu prüfen.

Einigkeit besteht von Anfang an darin, nicht Verkehrsluftschiffe für schnelle Städteverbindungen oder gar Großluftschiffe für den transatlantischen Linienverkehr zu favorisieren. Vielmehr soll geprüft werden, ob Luftschiffe mittlerer Baugröße für den Tagestourismus unter Beachtung des derzeitigen Standes der Technik realisiert werden können. Dafür will man eine geeignete neue Technologie finden.

- Erster Freiflug des Demonstrators am 2.April 1991.

Um die laufenden Betriebskosten drastisch zu senken, schlägt die Gruppe vor, Personal, vor allem am Boden, deutlich zu reduzieren. Hierzu sind weitergehende Untersuchungen zur Mechanisierung von Lande- und Verankerungseinrichtungen nötig.

In der Folgezeit werden auch einige technische Neuerungen patentiert. So wird vorgeschlagen, nicht wie bisher die bei allen Zeppelinen verwendeten viele Tonnen schwere Tragstruktur aus einem räumlichen Fachwerk mit bis zu 36 Längsträgern, 16 Ringen und kilometerlangen Spanndrähten zu verwenden, stattdessen lediglich drei Längsträger mit wenigen dreiecksförmigen Querträgern miteinander zu verbinden. Das ergäbe eine Gewichtsreduzierung um mindestens die Hälfte. An diese ökonomisch äußerst effektive Tragstruktur können sodann, ganz im Sinne des Grafen, alle notwendigen Systemgruppen wie Leiteinrichtungen, Antriebe, Propeller, Gondel usw. starr befestigt werden.

▪ Tragstruktur, bestehend aus drei Längsträgern, die durch mehrere hintereinander angeordnete dreieckförmigen Querträger ihre Stabilität erhalten.

Konsens herrschte auch darüber, die prophetischen Worte Hugo Eckeners nach dem vermeintlichen Aus der Zeppelin-Luftschifffahrt aus dem Jahr 1938 zu beherzigen: »Die Technik ist ruhelos. Ich bin der festen, innerlichen Überzeugung, dass die Ideen des Grafen Zeppelin nie grundsätzlich verworfen und vergessen werden.«

Aber es muss nicht stur am starren Zeppelin-System festgehalten werden. Im Gegenteil gelte es, die besonderen Vorteile der neuen Luftschiffe gegenüber Flugzeugen und Hubschraubern zum Tragen zu bringen – unbeschadet ihrer starren, halbstarren oder prallen Bauweise.

Ende 1990 legt das Entwicklungsteam seine Konzepte vor und kommt zu sehr erfolgversprechenden Schlussfolgerungen.

An erster Stelle steht die bedingungslose Sicherheit für Fahrgäste und Crew durch Verwendung von Helium als Traggas.

▪ Die beiden Querträger, an denen die drei Leitwerke und Steuerflächen montiert wurden, erhielten zur besseren Versteifung innenliegende Spanten in Form dreizackiger Mercedessterne.

Start und Landung sollen nicht mehr ausschließlich aerostatisch erfolgen, sondern mittels Schwenkpropellern auch aerodynamisch.

Durch das erstmalige Anbringen zweier Triebwerke am Heck sollte es dem Piloten nicht nur gelingen, in Längsrichtung zu fliegen, sondern sogar das Luftschiff auf der Stelle drehen zu können und ihm eine bisher nie erreichte Manövrierbarkeit zu verschaffen, die vor allem bei punktgenauer Landung gefordert wurde.

Für alle Teile des Tragkörpers, insbesondere der Hülle, der Systemeinrichtungen, der Gondel samt ihrer Innenraumgestaltung sollen ausnahmslos nur die besten zur Verfügung stehenden Materialien verwendet werden. Das betraf Leichtigkeit, Stabilität und Belastbarkeit. Auch Materialien und Bedienelemente, die sich bereits in der Weltraumtechnik bewährt haben, wurden geprüft.

Auf dem Weltmarkt solle nach den geeignetsten Motoren hinsichtlich Masse-Leistungs-Verhältnis, Kraftstoffverbrauch und Zuverlässigkeit gesucht werden.

Und das Resümee: Bevor ein Investor gesucht wird, will man einen sogenannten »Demonstrator«, ein verkleinertes Modell des künftigen Luftschiffes, bauen, das alle diese Forderungen erfüllt, und eine Marktstudie in Auftrag geben.

Die Arbeiten am Demonstrator finden unter weitestgehendem Ausschluss der Öffentlichkeit statt. Fürchtete man, die gleichen Spöttereien ertragen zu müssen wie anno 1900 Graf Zeppelin, dem »Narren vom Bodensee«?

Die wenigen eingeweihten Zeppeliner sind verschwiegen und bleiben absolut unauffällig. Noch mehr. Sie verstecken ihre Aktivitäten in einer stillgelegten Baracke innerhalb eines militärischen Sperrbezirks nahe dem Friedrichshafener Flughafen. Nicht einmal einen Mietvertrag mit der zuständigen Bundesvermögensverwaltung gibt es. Dafür als »Geschenk« eine hochwillkommene Lieferung »einiger Kartons Bodenseewein zur Auflockerung der Garnisions-Weihnachtsfeier«. Manfred Sauter, ein Wegbegleiter des Zeppelin NT der ersten Stunde, erinnerte sich noch an folgende weitere Episode: »Beim Betreten des Geländes mussten wir mit Maschinenpistolen bewaffnete Wachposten passieren.«

Das Luftschiffmodell ist im Frühjahr 1991 fertiggestellt. Es stellt ein Abbild des künftigen Luftschiffes im Maßstab 1:7,5 dar.

■ OB Wiedmann vor dem fertiggestellten Demonstrator in der Messehalle 10 am 5.Juni 1991.

An der sogenannten Heckplatte befanden sich zwei separate Antriebe. Mit dem unteren, schwenkbaren konnte das Luftschiff entweder in Geradeausrichtung fliegen oder senkrecht nach oben oder unten. Mit dem anderen Antrieb erhielt der Demonstrator eine Drehbewegung, die vor allem beim Starten und Landen von entscheidender Bedeutung ist.

Mit Hilfe der schwenkbaren Antriebe konnte der Demonstrator auf- und abwärts fliegen.

Der Demonstrator ist 10 m lang, hat ein Gewicht von 20 kg und würde ferngesteuert sein. Für den Antrieb stehen drei Elektromotoren mit je einem Propeller zur Verfügung, zwei seitlich weit vor den Leiteinrichtungen, der dritte am Heck.

Die beiden Leiteinrichtungen mit den Höhensteuerflächen befinden sich back- und steuerbordseitig an den beiden Basis-Längsträgern, die dritte Leiteinrichtung mit der Seitensteuerfläche sitzt auf dem Rücken des Tragkörpers am dritten Längsträger. Sie sind an jenen Querträgern befestigt, die zuvor zur besseren inneren Versteifung »Mercedessterne« erhielten.

Endlich können die mit großer Spannung und noch größeren Erwartungen die Flugversuche beginnen.

Das erste Aushallen erfolgt am 1. März. Das Luftschiff wird zwar gefesselt, aber dennoch mit größter Behutsamkeit aus der engen Halle getragen. Draußen wird es jedoch sofort zum Spielball der Winde. An Flugversuche ist an diesem Tag nicht zu denken. Deshalb wird er unverrichteter Dinge zurück in den Schuppen gebracht.

Für erste Flugversuche im Inneren ist der Schuppen zu klein. OB Wiedmann, der auch Aufsichtsratsvorsitzender der Messe Friedrichshafen ist, gibt die neue Messehalle 10 frei für derartige Experimente, die auch sogleich mit simulierten Start-, Schwebe-, Steuer- und Landetests mit dem Demonstrator durchgeführt werden. Nachdem diese zufriedenstellend ausfallen, entscheidet die Arbeitsgruppe, im Freien zunächst gefesselte und, falls diese befriedigend ausfallen, umgehend mit Freiflügen zu beginnen.

Der erste Freiflug des Demonstrators findet am 2. April 1991 statt und endet mit guten Ergebnissen, einschließlich glatter Landung. Viele weitere erfolgreiche Freiflüge folgen. Das »Proof of concept«, die neue Technologiedemonstration, überzeugte nicht nur die Ideengeber. Sie rückt den Bau des Prototyps der neuen Luftschiffgeneration mit aller Macht in den Focus der Zeppeliner und der Öffentlichkeit. Trotz nicht weniger Lästerer, Nörgler und Kritiker. So wurden auch schwindelerregende Fahrpreise allenthalben breit diskutiert, ohne das Finanzierungsmodell zu kennen.

Insbesondere überzeugen aber die neue Struktur des Tragkörpers und die Anordnung der Antriebe und Steuer- sowie Leiteinrichtungen. Freilich konnte der Demonstrator nicht alle zu bewältigenden Fragen beantworten. Er besaß ja weder Ballonette

▪ Die Hülle des Demonstrators musste vor jedem Start sorgfältig auf Dichtheit geprüft und anschließend durch eine äußere Druckregulierung prall gehalten werden.

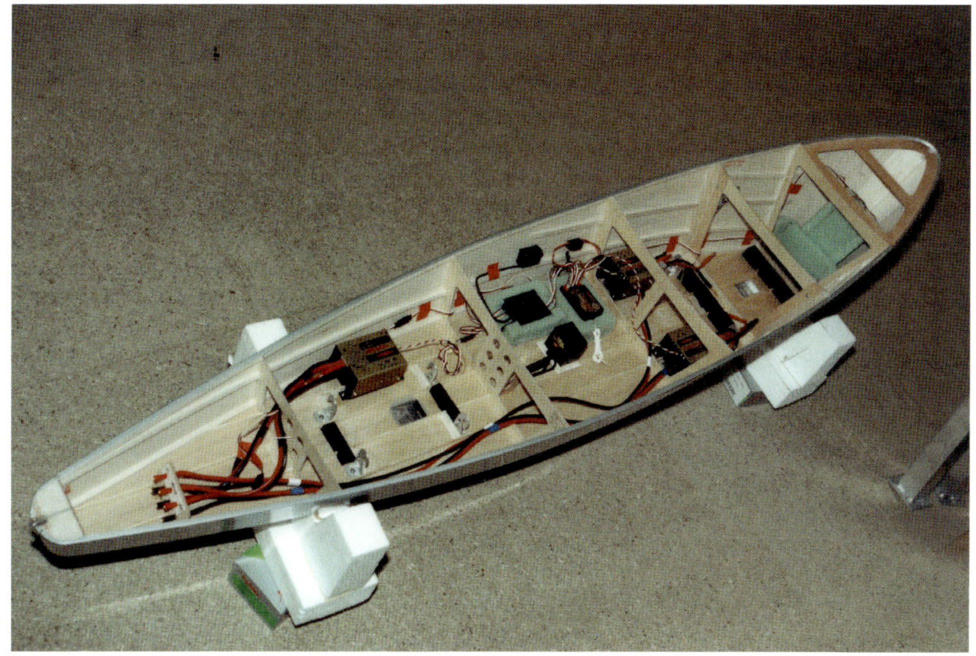

▪ Modell der Gondel des Demonstrators mit Funkfernsteuerung (RC).

noch eine Andockvorrichtung an einen Landemast oder Navigations- und Kommunikationseinrichtungen und war unbemannt.

Die Marktprognose nannte 80 absetzbare Zeppeline. Wie sich schon bald herausstellte, war das allerdings ein viel zu optimistisches Resultat. Aber dessen ungeachtet, erfolgen die Vorarbeiten für den Baubeginn des ersten Serienluftschiffes der neuen Zeppeline.

Zuvor wurde am 3. September 1993 die Zeppelin Luftschifftechnik GmbH (ZLT) gegründet. Ihre Hauptgesellschafter sind die Betriebe der alten Zeppelinstiftung: die Luftschiffbau Zeppelin GmbH mit 50,03% und die Zahnradfabrik Friedrichshafen AG mit 49,97%.

Ihr Zweck war die Entwicklung und der Bau moderner Luftschiffe des neuen Typs, fortan Zeppelin NT (**N**eue **T**echnologie) genannt. Dabei ist der Zeppelin NT streng genommen gar kein »richtiger« Zeppelin, denn er ist um ca. 350 kg schwerer als sein Auftrieb, weshalb er in der Luft nicht fährt, sondern fliegt.

Und er wird auch nicht getragen durch mehrere hintereinander angeordnete Gaszellen, die von Luft und einer Stoffhülle umgeben sind, sondern von einem einzigen großen mit Helium gefüllten Ballon, der durch je ein Luft-Ballonett im Bug und im Heck mit 5 mbar Überdruck prall gehalten wird. Also ein »halbstarres Luftschiff mit Druck gestützter Hülle« wie es in der Patentanmeldung von 1990 zugunsten der immer noch existierenden, von Graf Zeppelin 1908 gegründeten, Luftschiffbau Zeppelin GmbH heißt.

▪ Vorstellung der Originalgondel des Prototyps während einer Pressekonferenz 1996. (Schenkenberger, J.)

Der Zeppelin NT –
ein High-Tech-Luftschiff der Superlative

Der Prototyp D-LZFN war der Publikumsmagnet auf der AERO 1997 in Friedrichshafen. (Schenkenberger)

Das Team um den Chefkonstrukteur Klaus Hagenlocher geht nach den erfolgversprechenden Flugversuchen des Demonstrators mit Hochdruck an die Projektierung des neuen Zeppelin NT, »Prototyp« genannt. Gebaut wird er ab Oktober 1995 in der neuen Messehalle 10, die mit Zustimmung des OB Wiedmann um knapp fünf Meter höher errichtet wurde als für den normalen Messebetrieb nötig gewesen wäre.

Auf der abgeschirmten Baustelle befinden sich zumeist weniger als zehn Ingenieure und Mechaniker. Ihr selbstgestelltes, streng vertrauliches Ziel ist es, bis zur Eröffnung des neues Zeppelin-Museums am 2. Juli 1996, das 35 Millionen DM teure Luftschiff der Öffentlichkeit vorzustellen und auf den Markt zu bringen.

Dieses ehrgeizige Vorhaben war jedoch viel zu anspruchsvoll. Lediglich einzelne Bauteile wie das Cockpit können während der Eröffnungsfeierlichkeiten und auch nur von wenigen ausgesuchten Besuchergruppen in Augenschein genommen werden.

Das erste Mal bekommen die Häfler, Zeppelinbegeisterte von überall her und zahlreiche nationale und internationale Medienvertreter den zusammengebauten Zeppelin LZ NT 07 im April 1997 während der AERO 97, Europas wichtigster Messe für die Allgemeine Luftfahrt, in Friedrichshafen zu Gesicht. Unter den 435 Ausstellern aus 23 Ländern ist der Zeppelin NT in Halle 10 für die 60 000 Besucher zweifellos der wichtigste Anziehungspunkt.

Während die Besucher noch scharenweise den neuen Zeppelin NT bestaunen und von einer baldigen Flugreise träumen, herrscht ganz in der Nähe, im Randbereich des Flughafens Friedrichshafen/Löwental, Hochbetrieb. Dort errichtet die Zeppelin-Luftschifftechnik GmbH (ZLT) den neuen Hangar für den Zeppelin NT. Bauträger ist die Hofkammer Projektentwicklung GmbH, Schloss Friedrichshafen.

Die Bodenplatte ist bereits gegossen, und es wird gerade der Stahlhochbau mit den Dachbindern aufgerichtet.

Richtfest wird am 1. August 1997, dem Geburtstag SKH Carl Herzog von Württemberg gefeiert, der persönlich das Fest eröffnet.

Neue Hangars und mobile Landeeinrichtungen für den Zeppelin NT

Bau und Unterbringung eines Zeppelins stellen an die hierfür eigens zu errichtenden Hallen hohe Anforderungen. Ihre Größe muss sich nach der Größe der zu bauenden oder unterzubringenden Luftschiffe richten. Sind diese gewaltig, weisen auch die Hallen gigantische Maße auf. Für die 75 m langen Zeppeline NT ist die neue Halle in Friedrichshafen mit 110 m Länge, 69 m Breite und 32 m Höhe ausreichend. Damit ist sie zwar die größte Halle Süddeutschlands, aber eher eine »Abstellkammer« im Vergleich zur CargoLifter-Halle im Brandenburgischen Brand, in die sie mehr als 30mal passt.

Zudem müssen sie freitragend sein und eine stabile Dachkonstruktion haben, denn nicht nur während des Baus der Zeppeline sind diese zumeist an Dachbalken aufgehängt.

Der Bauherr hat solche Standorte zu bevorzugen, die nicht nur gut infrastrukturell erschlossen und ringsum frei von störenden Gebäuden und Bäumen sind, sondern insbesondere die vorherrschenden Windverhältnisse berücksichtigen, denn die großen Bauten geben Stürmen eine gefährlich große Angriffsfläche. Besonders fürchten die

▪ Die am 1.August 1997 eröffnete Werft- und Bergehalle in Friedrichshafen, Heimathafen für die Zeppeline NT »HUGO ECKENER« und dem noch ungetauften D-LZBW. (Krug, A.)

▪ Der Goodyear Airship Hangar am Wingfoot Lake in Suffield, Ohio, Heimathafen des amerikanisch-deutschen Zeppelin NT »WINGFOOT ONE« . (Schenkenberger, J.)

■ Mit ihrer aerodynamischen Form war die Städtische Luftschiffhalle Dresden (Bj. 1913) ihrer Zeit weit voraus. Sie dient noch heute modernen Luftschiffhallen als Vorbild.

Piloten die unberechenbaren Turbulenzen bei geöffneten Toren, die sehr oft das Aus- oder Einhallen verhinderten und mitunter bei Nichtbeachtung der Gefahr schwere Beschädigungen am Zeppelin verursachten.

Vor allem aus Kostengründen bevorzugten dennoch die meisten Hallenbauer die aerodynamisch ungünstige, einfache Scheunenform mit Flach- oder Satteldach. Fast alle der über 100 deutschen historischen Zeppelin-Bergehallen im Reichsgebiet und darüber hinaus waren solche Bauwerke. Auch die moderne Halle in Friedrichshafen-Löwental und der Wingfoot Lake Airship Hangar in Suffield, Ohio, der Haupthangar der Goodyear Tire and Rubber Company, sind solch architektonisch einfache, aber zweckmäßige Hallenformen.

Im Jahr 1913 entwarf fast unbemerkt von der Öffentlichkeit der Berliner Bauarchitekt Ernst Meier drei Luftschiffhallen in Dresden, Posen und Liegnitz, die sich fundamental von der bisher üblichen Scheunenform unterscheiden. Sie waren aerodynamisch geformt und besaßen an beiden Stirnseiten halbrunde Drehtore, wodurch die Turbulenzmöglichkeiten auf ein Minimum sanken. Errichtet wurde die Dresdner Halle von der Berliner Zeppelin-Hallenbau GmbH in rekordverdächtigen sechs Monaten. Sie war 192 m lang, 58 m breit, 37 m hoch und bot Platz für zwei Zeppeline der Delag-Klasse. In Vollzug der Strafen für den angezettelten und verlorenen I. Weltkrieg wurde auch die Dresdner Luftschiffhalle dem Erdboden gleichgemacht. Ihre Erbauer hätten nicht geglaubt, dass die von ihnen gewählte geniale Hallenform Jahrzehnte später zur Leitbild riesiger Luftschiffhallen wurde.

Diese Dresdner städtische Zeppelin-Luftschiffhalle in Kaditz an der Elbe diente 1929 als Vorbild für den Goodyear-Airdock Number One in Akron/Ohio, in dem die beiden militärischen Riesenzeppeline »AKRON« (1931) und »MACON« (1933) gebaut wurden. Es war seinerzeit die größte freitragende Halle der Welt und steht heute unter Denkmalschutz. Auch der 1933 fertiggestellte Hangar auf dem Moffett Field in Sunnyvale/Kalifornien wurde nach dem Vorbild der Dresdner Halle errichtet. Heute gehört die Halle der NASA, die sie vorübergehend an

▪ Die Luftschiffhalle »Number One« auf dem Moffett Field in Sunnyvale/Kalifornien (erbaut 1933) beherbergte einst den US-Marine-Flugzeugträger »Macon« bis zu dessen Absturz 1935. In ihm wurde das zurzeit weltgrößte Luftschiff, »Pathfinder 1«, gebaut. Es ist ein »echter« Zeppelin.

GOOGLE vermietet hat. Zeitweise war hier der deutsche Zeppelin NT »EUREKA« beheimatet. Gegenwärtig ist in ihr der neueste amerikanische »echte« Zeppelin, »Pathfinder 1« untergebracht.

Auch die Luftschiffhalle für den CargoLifter (2000) und die modernste Luftschiffhalle der Welt in Mühlheim/Ruhr sind nach dem Vorbild der Dresdner Halle gebaut. Da die Mühlheimer Halle ausschließlich als Bergehalle für einen Zeppelin NT und zu dessen Schutz vor Wind und Wetter dient, sind ihre Maße etwas kleiner als jene in Friedrichshafen und nur halb so groß wie die ehemalige Dresdner. Sie ist nur 92 m lang, 42 m breit und 26 m hoch.

Start und Landung sind auch während eines Zeppelinfluges die schwierigsten und gefährlichsten Phasen. Hierzu waren noch bis Ende der 30er Jahre des vorigen Jahrhunderts Hunderte Menschen als Helfer notwendig. Zum Starten mussten sie das Luftschiff fesseln und bei Beachtung größter Sorgfalt aus der Halle hinaus zum Startplatz geleiten. Beim Landen des Zeppelins

▪ Für den geplanten Riesenzeppelin »CargoLifter« wurde in Brand/Brandenburg um die Jahrtausendwende das größte freitragende Gebäude der Welt als Werfthalle gebaut. Die Maße sind gigantisch: 360 m × 210 m × 107 m. Doch schon 2002 musste die Konzernmutter CargoLifter AG Insolvenz anmelden. Inzwischen dient das prächtige Bauwerk als künstliches Tropenparadies und Badevergnügen für jedermann.

Die architektonisch wohl schönste Luftschiffhalle steht in Mühlheim/Ruhr. Sie beherbergt nicht nur den Zeppelin NT (»EUREKA«) für touristische Rund- und Zielfahrten sowie als Messplattform für einige nahegelegene Forschungseinrichtungen, sondern für bis zu 1500 Personen auch eine atemberaubende Atmosphäre für Events aller Art in der wandelbaren Multifunktionshalle. (Slowak, L.)

fingen sie die herabgeworfenen Seile auf und schleppten ihn in die Halle.

Erstmals wurden feststehende stählerne Ankermasten in Vorbereitung der Spitzbergen-Expedition des Luftschiffes »NORGE« unter der Leitung von Roald Amundsen 1925 längs der Schiffsroute errichtet. Sie waren 35 m hoch und hatten ein Gewicht von 14 Tonnen.

Nach der Erfindung der schienengebundenen Landemasten wurden die Vorgänge beim Aus- und Einhallen der Luftschiffe zwar erheblich sicherer, aber der Bodenpersonalbedarf verringerte sich nur unwesentlich.

Den wohl spektakulärsten Ankermast prüfte 1931 das Architektenbüro Shreve, Lamb und Harmon auf dem Dach des Empire State Building, dem berühmtesten Wol-

Andocken am Landemast. (Lohse, Th.)

ZEPPELIN MUSEUM
Friedrichshafen
ZEPPELIN

Zwei Zeppeline stehen zwecks Überprüfung der Bordsysteme und gegebenenfalls Nachtanken sowie Nachladung angedockt an Haltemasten. Dabei berührt nur ihr drehbares Heckrad den Boden, um das Luftschiff auf einem Kreisbogen beweglich zu halten. (Lohse, Th.)

kenkratzer der Welt mitten in Manhatten. Obwohl einige kleinere Marine-Luftschiffe tatsächlich Andockflüge simulierten, kam es aus Sicherheitsgründen nie zur Errichtung eines Landemastes für Luftschiffe auf dem Empire State Building.

Beim Zeppelin NT-Projekt werden die Luftschiffe nicht per Hand an Leinen oder auf Schienen, sondern mit einem auf einem LKW positionierten Landemast zum Aufstiegs- und Landeort gefahren. Das Andocken erfolgt über eine Bugleine am Zeppelin und

eine separate Leine am Ankermast. Nachdem das Luftschiff behutsam an den Ankermast herangeflogen ist, werden die beiden Seile miteinander verkoppelt und der Zeppelin die letzten Meter herangezogen. Anschließend wird er am Mast hydraulisch verriegelt.

Das Aus- und Einsteigen der Fluggäste ist auch ohne Ankoppeln am Mast möglich, wodurch nicht nur weniger Personal (zumeist drei) benötigt wird, sondern sich auch die »turn-around«-Zeiten spürbar verkürzen.

▪ Dank eines fahrbaren, mobilen Ankermastes und geeigneter Steuereinrichtungen am Zeppelin NT sind das Aus- und Einhallen kaum mehr risikobehaftet. Das Landepersonal beschränkt sich auf nur drei Personen. Das Aus- und Einsteigen der Fahrgäste erfolgt problemlos ohne Andocken. (Slowak, L.)

Die einfache Struktur des Tragkörpers – genial durchdachte patentierte Konzeptionen

Das Besondere der insgesamt 119 gebauten deutschen Kriegs-, aber auch der wenigen zivilen Zeppeline ist das räumliche Fachwerk des Tragkörpers, bestehend aus bis zu 36 Längsträgern und 18 Ringen aus Aluminium mit innenliegenden Gasballons, gefüllt mit hochexplosivem Wasserstoff und ummantelt von einer strapazierfähigen, textilen Schutzhülle. Alle für den Betrieb des Luftschiffes notwendigen Hauptkomponenten wie Motoren, Propeller, Treibstofftanks, Leitwerke, Fahrwerk und Gondel sind starr mit dem Tragkörper verbunden. Dadurch kann das Leergewicht großer Zeppeline mehr als 100 t erreichen, und sie benötigten gigantische Mengen an Wasserstoffgas, um aerostatisch aufzusteigen und sich in der Luft zu halten.

Die Konstrukteure der neuen Zeppeline NT wollen, mit Ausnahme der Verwendung von Wasserstoff als Traggas, an den Zeppelinschen Grundprinzipien festhalten.

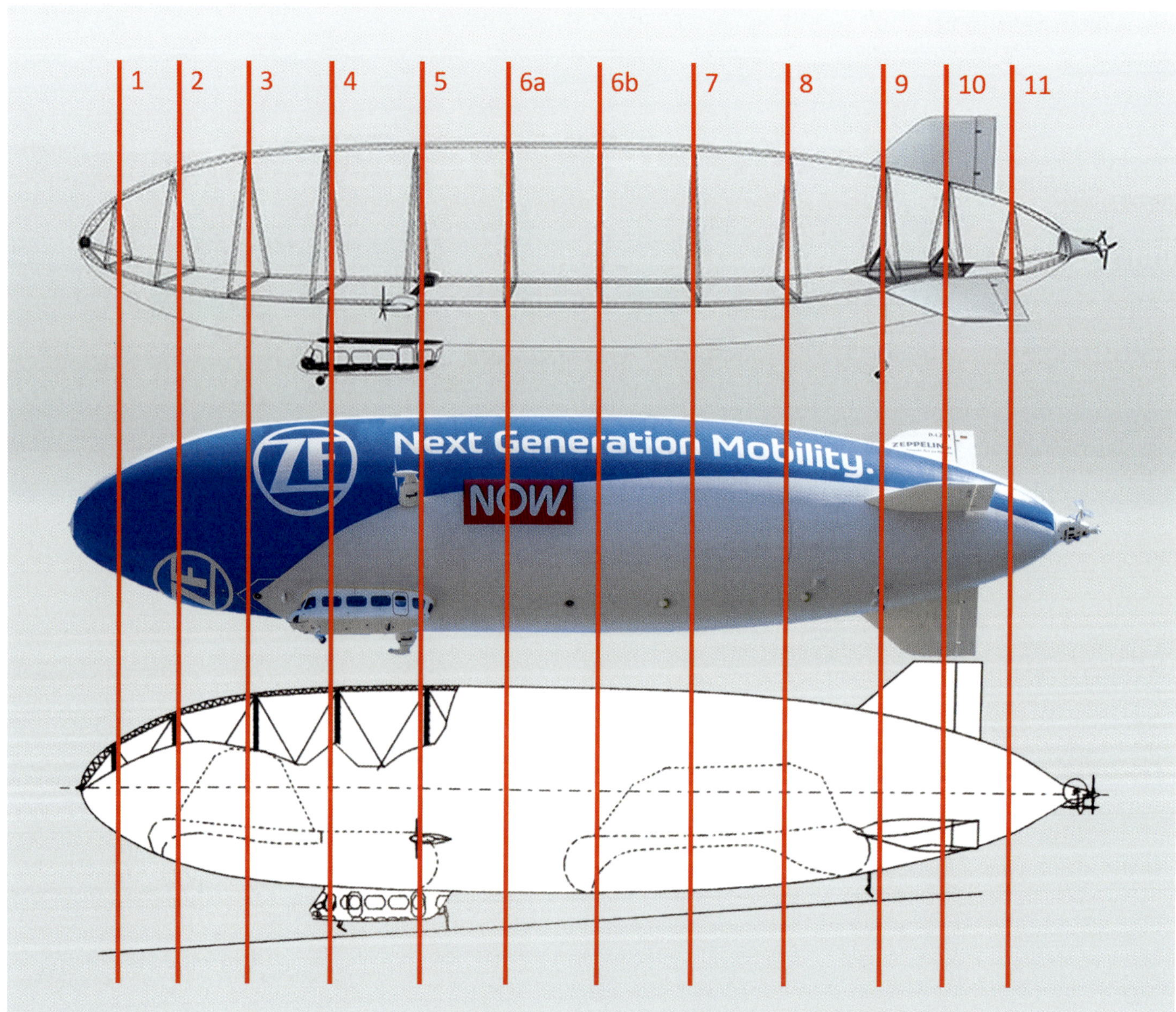

▪ Anordnung der Hauptkomponenten (Gondel, Antriebe, Leitwerke, Fahrwerk, Gebläse, Ballonette …) an der Struktur des Zeppelin NT07-101. (Seiffer, A.)

Deshalb verkürzen sie die Länge des Luftschiffes gegenüber der »SACHSEN« von 140 m auf nur noch 75 m. Anstelle der 18 Längsträger im räumlichen Fachwerk bilden nun lediglich drei die neue Struktur des Tragkörpers. Die Verbindung der drei Längsträger erfolgt nun nicht mehr durch sechzehn 18-eckige Ringe, sondern durch zwölf gleichseitige, dreieckige-Querträger. Sie haben einen deutlich kleineren Abstand zueinander, was die Struktur insgesamt stabiler macht. Alle Längs- und Querträger sind zur Erhöhung der Steifigkeit untereinander durch robuste Knotenplatten verbunden und zusätzlich mit mehreren Kilometern Aramidseilen verspannt. Dadurch sichert die Tragstruktur auch bei plötzlichem Druckverlust die nötige Manövrierfähigkeit.

Die Längsträger sind aus einer besonderen Aluminiumlegierung, die Dreiecksquerträger aus dem noch leichteren Carbonfaserstoff.

Alle Spanten sind aus dünnen Rohren gefertigt. Diese Form ist besonders stabil gegen Knickung, Verdrehung und Durchbiegung. Sie sind zu dem typischen Zeppelin-Dreiecksprofil in Fachwerkausführung zusammengeschweißt, was noch einmal für höhere Belastbarkeit sorgt.

Die Längsträger haben eine annähernde Stromlinienform, an die sich die Hülle glatt anlegt. Dadurch vermindert der Tragkörper den Luftwiderstand ganz beträchtlich, macht aber den Herstellungsaufwand deutlich komplizierter und teurer, auch weil dadurch die Querträger unterschiedlich groß sind. Lediglich die beiden mittleren (6a) und (6b) sind kongruent, alle anderen jedoch zu den Enden hin kleiner werdend, aber geometrisch untereinander ähnlich.

Die Experimente mit dem Demonstrator zeigten, dass an den Leit- und Steuerflächen besonders starke Drehmomente und Kräfte auf die Struktur wirken. Deshalb sind dort, in den 10. und 11. Querträger, zusätzliche Carbon-Versteifungen in Form eines Mercedessternes eingebaut.

Aus den gleichen Gründen erhielten die beiden Querträger Nr. 4 und Nr. 5, sie tragen die Kabine, eine zusätzliche Versteifung in Form einer senkrechten Symmetrieachse von der Dreiecksspitze zur Basis.

Der Spant am fünften Querträger trägt an seinen Enden die Antriebsaggregate samt den dreiflügeligen Propellern. Er ist als

▪ Blick in das Innere der Struktur eines Zeppelin NT. Am Boden liegen Spanten für die Längsträger, die Segment für Segment noch aneinandergeschweißt werden müssen. Sie bestehen aus dünnen Aluminiumröhren, die zu einer »Zeppelinschen« dreieckigen Fachwerksstruktur verflochten sind.

▪ Der Zusammenbau der Struktur setzt höchste Maßgenauigkeit aller Teile voraus und erfordert peinlich exaktes handwerkliches Können..

besonders kräftiger Carbon-Hohlträger ausgestaltet, weil er gleichzeitig als Kraftstoffbehälter dient. Wegen seiner robusten Form wird er auch als Tankknochen bezeichnet.

Insgesamt beträgt das Leergewicht der neuen Tragstruktur des Zeppelin NT gegenüber dem der »SACHSEN« nicht 5 t, sondern nur noch 1,1 t.

Die multifunktionale Hülle des Zeppelin NT – mehr als ein Behältnis

Die Hülle eines aerostatischen Flugobjektes hat seit den Anfängen der Ballon- und Luftschiffära mehrere Hauptaufgaben. Sie bildet ein stabiles, reißfestes Behältnis für das Traggas, verhindert den Austausch zwischen Traggas und äußerer Lufthülle und nimmt gleichzeitig die Gewichte der Insassen und alle Kräfte der notwendigen Baugruppen wie Gondel, Antriebe usw. auf. Schließlich muss ihre Oberfläche glatt sein, um während der Fahrt/Flug der umgebenden Luft geringstmöglichen Widerstand zu leisten.

Erst die Zeppeline befreiten die Ballonhülle von der Aufgabe, diese Kräfte aufzunehmen. Bei ihnen übernimmt die starre innere Struktur etwa 95% aller auftretenden Kräfte. Ein gewaltiger Vorteil des starren Systems.

Bei den historischen Zeppelinen waren die mehr als ein Dutzend hintereinander angeordneten Traggaszellen durch ein Luftpolster von der Schutzhülle getrennt.

Der Zeppelin NT besitzt jedoch wie jedes Prall- oder halbstarre Luftschiff nur eine einzige Gaszelle. Ihre Hülle muss demnach, mit Ausnahme der Lasten und sonstigen Kräfte, alle anderen Hauptaufgaben einer üblichen Luftschiffhülle übernehmen.

In der Gasblase befinden sich auch die beiden Bug- und Heckballonetts.

Ursprünglich wurden für die Hüllen natürliche Stoffe wie Baumwolle, Seide oder Leinen verwendet. Zusätzlich erhielten später die einzelnen Stoffbahnen mehrere verschiedene Anstriche gegen eindringende Feuchtigkeit und zur besseren Abdichtung gegen Diffusionsvorgänge. Kriegszeppeline bekamen zwecks besserer Tarnung zusätzlich schwarze Farbanstriche. Sie fuhren vorsichtshalber ohnehin nur noch nachts, bei Neumond oder hoch über den Wolken. Dagegen trugen die Riesenzeppeline der 20-/30er Jahre silberfarbene Anstriche, um das gewebezersetzende UV-Licht und eine übermäßige Wärmestrahlung der Sonne abzuwenden. Moderne Luftschiffhüllen sind zudem lichtundurchlässig.

Heute werden die Hüllen auch als außergewöhnliche, attraktive Luft-Werbeflächen benutzt. So wurden die Hüllen der NT-Zeppeline bisher von mehr als 60 Brandings geschmückt, die sogar bei Nacht beleuchtet werden können. Sie machen den Zeppelin NT zum absoluten Publikumsmagneten. Ob als Markenbotschafter oder freundlicher Einlader für kulturelle und sportliche Events sind sie in der Luft unterwegs. Dank ihrer faszinierenden Flugweise in niedriger Höhe ziehen die Zeppeline NT automatisch alle Blicke auf sich.

Das Aufziehen der Hülle auf die Struktur ist eine sehr zeitaufwendige und äußerst penible Arbeit. Sechs bis acht Wochen lang sind durchschnittlich zehn Personen daran beteiligt. Insgesamt ist die Hülle an 4000 Punkten mit den drei Längsträgern verbunden.

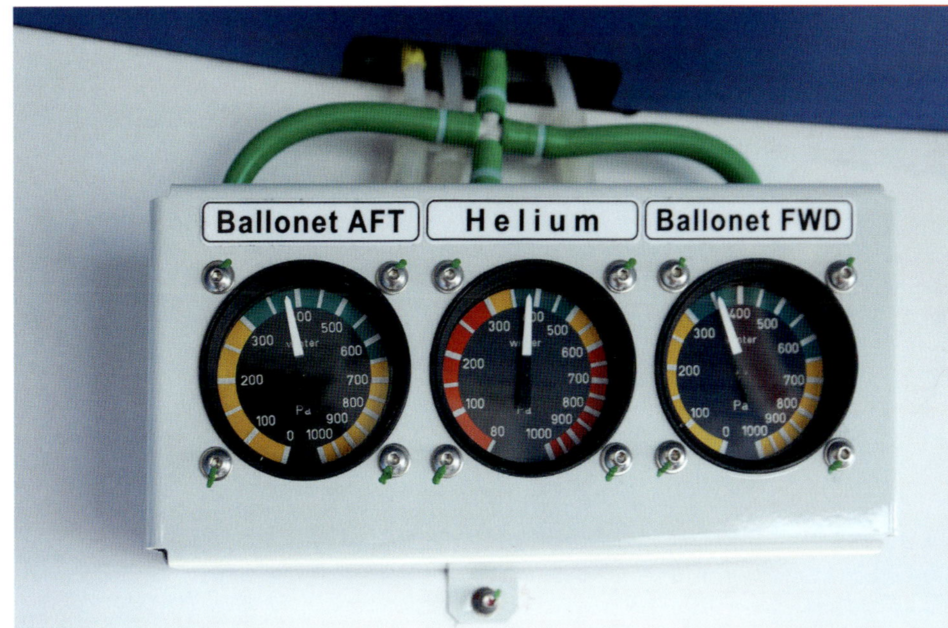

▪ Die beiden Ballonetts sorgen in jeder Höhenlage und Wettersituation dafür, dass die Hülle prall und dadurch glatt bleibt. Der Pilot kann den aktuellen Druck in den Ballonetts und im Tragkörper jederzeit kontrollieren. Die Regelung erfolgt automatisch.

▪ Die multifunktionale Hülle aufzuziehen, verlangt viele Hände und größte Aufmerksamkeit.

Die 2630 m² große und nur 0,34 mm dünne Ballonhülle des Zeppelin NT ist ein Hochleistungsmaterial, das sich in der Luft- und Raumfahrttechnik bewährt hat und extrem reißfest ist. Sie besteht aus einem dreischichtigen Laminat, das von der US-amerikanischen Firma ILC Dover mit Sitz in Delaware gefertigt wird und hat ein Gewicht von ca. 1 t. Sie soll im Flugbetrieb zehn bis 15 Jahre verwendbar sein.

Die Hauptschicht besteht aus Polyestergewebe. Sie nimmt die Kräfte auf und gibt der Hülle die notwendige Festigkeit. Das Laminat besteht auf der Unterseite aus Tedlarfolie, die das Gewebe gegen Diffusion abdichtet. Die Deckschicht ist mit Polyurethan beschichtet. Sie ist thermisch schweißbar und dient zum Verbinden der einzelnen Hüllen-Laminat-Bahnen. Zusätzlich ist noch Titanoxyd eigelagert, das die synthetischen Stoffe weitgehend gegen die UV-Strahlung der Sonne schützt.

Der Tragkörper des Prototyp mit aufgespannter Hülle, aber noch ohne Heliumfüllung. (Schenkenberger, J.)

Um den Reibungswiderstand des Tragkörpers gering zu halten, muss die äußere Form stabil bleiben und die Oberfläche der Hülle windschlüpfrig sein. Deshalb herrscht im Inneren der Hülle ein leichter Überdruck von 5 mbar, so dass der im Querschnitt annähernd runde Körper die dreieckige innere Struktur nicht ahnen lässt.

Der Differenzdruck zwischen dem Innendruck der Hülle und dem die Hülle umgebenden Luftdruck muss immer konstant gehalten werden, um die Oberfläche glatt zu halten und um in größeren Höhen oder bei starker Aufwärmung ein Bersten der Hülle oder das notgedrungene Ablassen des teuren Traggases zu vermeiden. Hierzu sind, wie schon lange bei den Prallluftschiffen üblich, zwei Ballonetts mit 600 bzw. 1600 m^3 Rauminhalt in der Hülle eingebaut. Mit diesen wird die Volumenänderung des Traggases kompensiert, indem die Ballonetts mit Luft aus Gebläsen aufgebläht oder mittels Ventilen geschrumpft werden.

Als Traggas wird das Edelgas Helium verwendet. Es ist farblos, geruchlos, ungiftig und hat bei Standardbedingungen eine Dichte von 0,178 kg/m^3. Es kommt auf der Erde im natürlichen Erdgas vor und wird daraus durch Destillation gewonnen.

Drucktest an der Hülle des Prototyp. (Schenkenberger, J.)

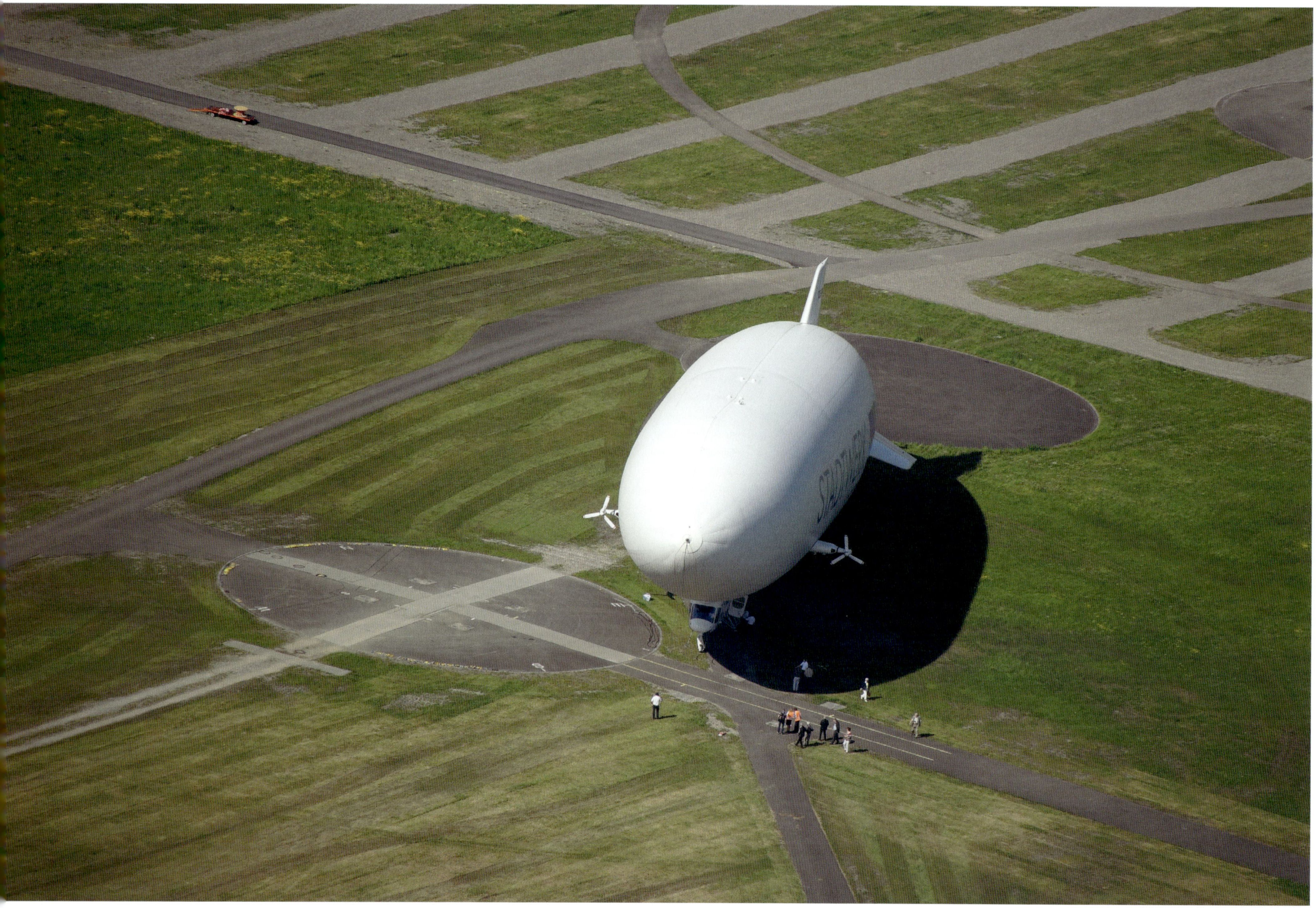

■ Nur eine aerodynamisch geformte und pralle Hülle mit glatter Oberfläche senkt den Luftwiderstand und spart Treibstoff. (Plessing, G.)

■ Zur Luftschiffhalle gehören nicht nur stets einsatzbereite Sicherheits- und Rettungsfahrzeuge, ein ausreichender Fuhrpark für den Personentransport und mehrere Mastfahrzeuge, sondern auch ein ausreichender Heliumvorrat, um gegebenenfalls nachzufüllen. Er wird in einem Ballon vorgehalten. (Krug, A.)

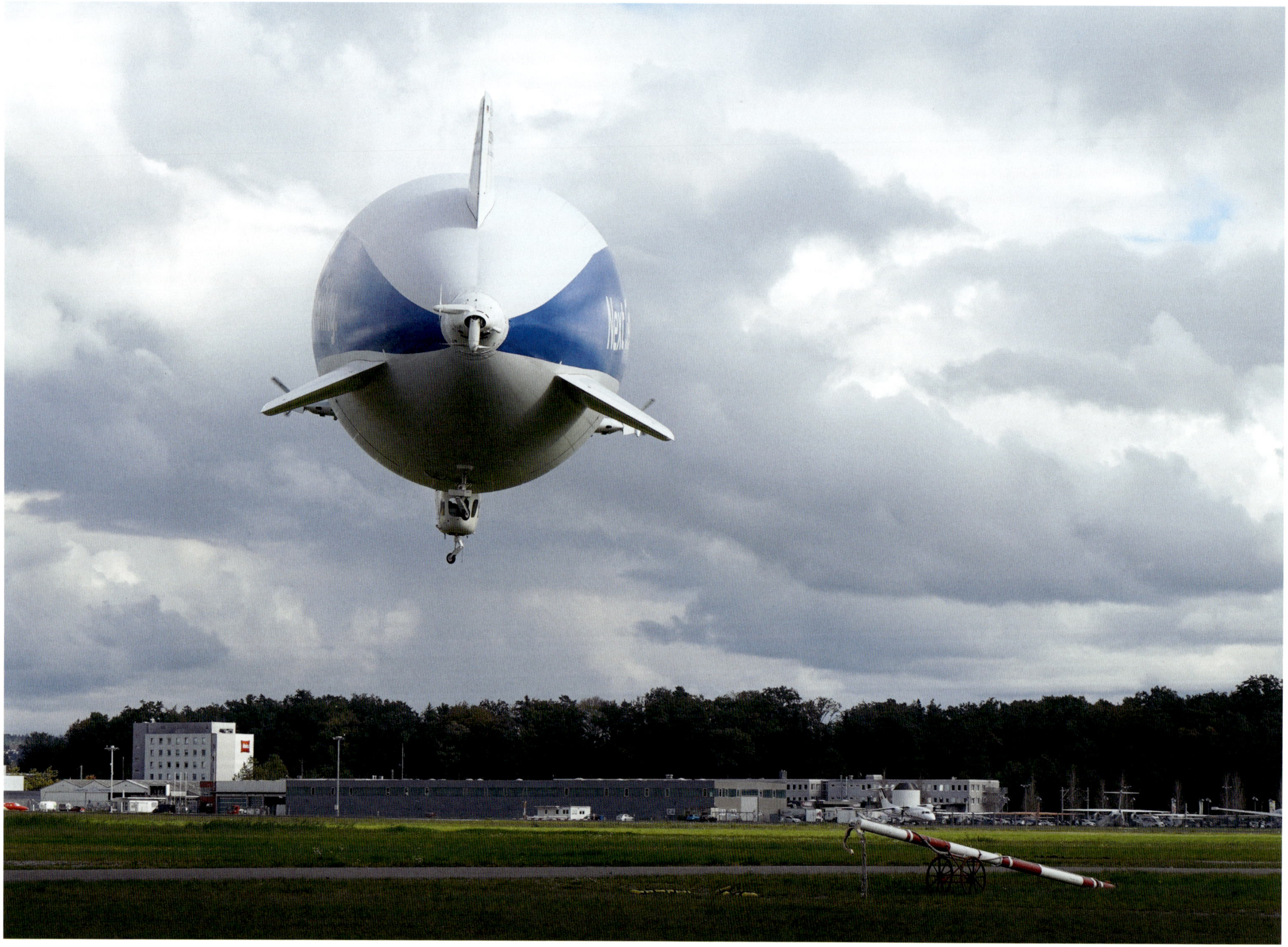

Die Leitwerke, Steuer- und Antriebseinrichtungen – Maßstab ist höchste Effektivität

Leitwerke und Steuereinrichtungen sorgen für einen ruhigen Flug und ermöglichen sowohl die Seiten- als auch die dynamische Höhensteuerung. Sie sind beim Zeppelin NT zweckmäßigerweise hinter dem Schwerpunkt des Luftschiffes (31,5 m hinter der Bugspitze) und den beiden Frontantrieben angebracht. Hier zeigen sie die effektivsten Marschflugeigenschaften.

Die Heckleitwerke früherer Zeppeline bestanden aus vier jeweils um 90° versetzte Flossen, ähnlich der Befiederung eines Pfeiles. Diese Anordnung barg die Gefahr, dass bei einem harten Aufprall des Zeppelins die Kielflosse Schaden nimmt. Fast wäre daran die Propagandafahrt des LZ 129 »Hindenburg« im März 1936 gescheitert. Kurzerhand kappte man jedoch die Kielflosse um zwei Meter, legte einen provisorischen Verband an und machte sich mit zehnstündiger Verspätung auf zur Werbetour für Hitler und die NSDAP über ganz Deutschland.

Der aktuell in den USA getestete Zeppelin »Pathfinder 1« besitzt ebenfalls vier Leitwerke am Heck, aber nicht in 90°-Kreuzanordnung, sondern beidseitig paarweise. Dabei schließen die einzelnen Flächen gegenüber der Horizontalen und vertikalen einen Winkel von 45° ein und sorgen so für eine gefahrlose Landung.

Der Zeppelin NT hat hingegen gemäß seiner dreieckigen Struktur nur drei Leitwerke, die von der Finne (vergleichbar mit der Rückenflosse eines Fisches) aus im und entgegen dem Uhrzeigersinn um jeweils 120° versetzt sind. Sie sind radial und starr an den drei Längsträgern angebracht und befinden sich zwischen dem 10. und 11. Querträgerdreieck.

Die senkrechte Finne sorgt für die nötige Seitenstabilität, während die beiden seitlichen Leitwerke die Höhenstabilität bewirken. An den Enden der Leitwerke befinden sich die beweglichen Steuerflächen, auf dem Rücken des Luftschiffes das Seitensteuer und an den beiden Seiten die Höhensteuer. Alle Steuervorgänge werden vom Piloten über Fly-by-wire-Technik mit einem Joystick vorgenommen.

Die Motoren treiben dreiflügelige schwenkbare Holz/Composit-Propeller an. Die beiden seitlichen sind Zugpropeller. Sie befinden sich am 5. Dreieck oberhalb der Gondel, also weit genug entfernt von den Passagieren, um sie nicht durch laute Laufgeräusche und Vibrationen zu stören, aber nahe genug

■ Heckansicht eines Zeppelin NT mit den drei versetzten Leit- und Steuereinrichtungen, den beiden seitlichen Propellern und der Heckplatte. (A. Seiffer)

■ Klassische Zeppeline und Blimps (hier: »THEO« von der WDL) haben kreuzweise angeordnete vier Leiteinrichtungen. Die Kielflosse ist beim Starten und Landen äußerst hinderlich. (Slowak, L.)

an der Widerstandsmittellinie, also an aerodynamisch optimaler Stelle, um den effektivsten Wirkungsgrad zu entfalten. Sie können zwecks Höhensteuerung um 120° geschwenkt werden.

Nur der Druckpropeller am Heck sorgt während der Reisedauer für den nötigen Vorschub. Von dessen Geräuschen hört der Passagier wenig.

Außerdem kann die Luftschraube, wenn sie um 90° gegenüber der Längsachse nach unten geschwenkt wird, das Auf- und Absteigen des Zeppelins beim Starten und punktgenauem Landen, einem Hubschrauber ähnlich, regulieren.

Der Zeppelin NT kann auf der Stelle schweben und sogar rückwärts fliegen. Außerdem befindet sich am Heck noch ein Lenkpropel-

- Die beiden seitlichen Propeller sind gegenüber der Horizontalen um 120° schwenkbar.

- Schwenkbarer Backbordpropeller.

ler, der den Zeppelin im Stillstand um 360° um die eigene Achse drehen kann. Die Anstellwinkel seiner Blätter sind nach beiden Seiten verstellbar.

Die drei Propeller haben einen Durchmesser von 2,7 m, der Lenkpropeller am Heck von 2,2 m.

Insgesamt zeichnet sich der NT dank dieser Steuereinrichtungen durch eine größere Manövrierfähigkeit aus als je ein Luftschiff zuvor.

Der Antrieb der Zeppeline NT erfolgt über drei 5,9-Liter-Vierzylinderboxermotoren des amerikanischen Flugzeug- und Hubschraubermotorenherstellers Lycoming. Sie haben eine Leistung von je 147 kW (200 PS) und ermöglichen eine maximale Geschwindigkeit von 125 km/h. Jedoch wird bei touristischen Rundflügen die optimale Geschwindigkeit von 70 km/h in einer Höhe von ca. 300 m geflogen, damit die Passagiere die Landschaft in Ruhe erleben und genießen können. Auch sollen sie alle gewünschten Landschaftsmotive und viele Details am Boden erkennen und gegebenenfalls bei geöffnetem Panoramafester fotografieren können.

Die Motoren verbrauchen während des Fluges ca. 50 Liter Flugbenzin je Stunde. Das entspricht ca. 3 – 4 Liter je Passagier und ist somit eines der CO_2-ärmsten aller Luftfahrzeuge. Der mitgeführte Treibstoff reicht für mindestens 28 Stunden und eine Reichweite von etwa 900 km. Die maximale Flughöhe (Dienstgipfelhöhe) beträgt 3048 m.

▪ Heckplatte eines Zeppelin NT. Der Heckpropeller dient der Geradeausfahrt während des Fluges und ermöglicht durch Herabschwenken um 90° gemeinsam mit den seitlichen Propellern das Auf- und Absteigen. Er lässt den Zeppelin NT sogar rückwärts fliegen. Der Querfan setzt das Luftschiff in die Lage, sich auf der Stelle um die Vertikale zu drehen.

zeppelinflug.de

Kabine und Cockpit – fast schon luxuriös

Die Passagierkabinen der alten Delag-Zeppeline hatten durchaus einen gehobenen Standard, vergleichbar mit dem in einem D-Zug-Eisenbahnwaggon.

Der Fluggastraum eines modernen Zeppelin NT ist hingegen um Einiges komfortabler. In ihm geht es ja auch nicht darum, den Fahrgast so schnell wie möglich von A nach B zu bringen, sondern, um mit Hugo Eckener zu sprechen: »Im Luftschiff fliegt man nicht, fährt man nicht, sondern reist man in der schönsten Art, die man mit dem Wort REISEN verbindet« (Tenor des Fördervereins Zeppelin-Tourismus e.V.). Der Fluggast soll unbeschreiblich schöne Landschaften und atemberaubende Ausblicke auf Metropolen aus der Zeppelinperspektive erleben und genießen – und das alles durch großzügige Panoramafenster in bequemen Sesseln und mit einer freundlichen Reisebegleitung an der Seite.

Die Kabine befindet sich zwischen dem 4. und 5. Dreieck. Sie ist 10,7 m lang, 2,25 m breit, durchschnittlich 2,5 m hoch und hat ein Volumen von 29 m^3. In ihr findet eine leicht überschaubare Reisegruppe mit 12 bis 14 Personen behaglich Platz.

- Auffallendstes und angenehmstes Merkmal der Zeppelinkabine sind die großzügigen Panoramafenster – kein Vergleich zu den tristen Bullaugen in Flugzeugen. (Krug, A.)

- Blick in den Kabineninnenraum. (ZLT)

D-LZNT
GARMIN
AFT RPM SEL
AFT MIXTURE

Die Kabine ist rundum zu großen Teilen verglast, wodurch sich fantastische unverstellte Rundumblicke ermöglichen.

Alle Sitze sind in Einzelreihen angeordnet und mit den Bodenschienen fest verschraubt. Am Heckfenster können sich die Fluggäste wechselweise platzieren, um von dort aus die schönsten Fotos zu schießen.

Fliegt der Zeppelin NT im Dienst der Wissenschaft, werden die Sitze entfernt und bis zu 6 Geräte-Racks für die Messinstrumente mit den Schienen fest verbunden. Ähnlich wie in der Internationalen Raumstation (ISS).

In der Kabine herrscht eine geringe Lärmemission, die lediglich in den wenigen Minuten während des Landeanfluges bis zu 65 dB(A) betragen kann. Sie ist zudem ausgesprochen vibrationsarm (unter 0,19 m/s^2).

Selbstverständlich befindet sich ein WC an Bord.

Für Notfälle sind zwei Ausgänge vorgesehen, eine Tür vorn rechts und eine Tür hinten links in Fahrtrichtung. Im Boden befindet sich eine Bodenluke (490 × 690 mm). Im Falle einer Notwasserung befindet sich unter jedem Sitz eine Schwimmweste. Die Sitze haben einen Sicherheitsgurt. Alles wie gehabt in jedem x-beliebigen Flugzeug.

▪ Im Cockpit. Blick auf Wetterradar und Missionsbildschirm. (Th. Lohse)

Der Passagierwechsel für das Aus- und Einsteigen ist unkompliziert. Er erfolgt, ohne dass ein Andocken an einem Mast notwendig ist. Der »Turnaround« dauert etwa fünf Minuten.

Während der Fahrt können sich die Passagiere frei in der Kabine bewegen und auch dem Piloten »über die Schulter schauen«.

Das Cockpit bietet Platz für zwei Piloten. Dank der großen Bugfenster verfügen sie über einen totalen Rundumblick.

Die Bordelektronik des Zeppelin NT ist auf dem neuesten Stand der Technik und kann mit jedem modernen Passagierflugzeug mithalten. Mittels Sidestick steuert der Pilot das Luftschiff.

Ob Pilotin oder Pilot – man kann sich auf das fliegerische Können aller verlassen. Voraussetzung, um einen Zeppelin NT zu fliegen, ist die europäische Berufspilotenlizenz (CPL) für Flugzeuge oder Hubschrauber. Außerdem müssen 450 Flugstunden nachgewiesen werden. Danach erfolgt eine spezifische Umschulung auf den Zeppelin NT, die nur in Friedrichshafen durchgeführt wird.

Selbstverständlich gehören grundlegende Persönlichkeitsmerkmale wie Freundlichkeit, Kommunikationsfähigkeit, Konfliktfähigkeit und andere zu den charakterlichen Stärken der Piloten.

▪ Die erste Zeppelin NT-Pilotin Kate Board. (Lohse, Th.)

Die Friedrichshafener Zeppeline – Aufbruch in die Zukunft des Lufttourismus

Der Prototyp D-LZFN »FRIEDRICHSHAFEN« – einmal Afrika ohne Wiederkehr

(Erstflug 18. September 1997)

Die Projektierungsarbeiten am neuen Zeppelin NT dauern zwei Jahre, so dass endlich im Jahre 1995 der Bau des Prototyps beginnt. Wieder zwei Jahre später wird er während der AERO 97 das erste Mal der Öffentlichkeit vorgestellt und löst rund um den Bodensee und weit darüber hinaus eine wahre Zeppelin-Euphorie aus.

»Leinen los« heißt es für den Prototyp zum ersten Mal am 18. September 1997. Start sollte an diesem Tag um 17.00 Uhr sein. Schon Stunden vorher füllen 30 000 Interessierte, darunter einige Altzeppeliner, die selbst noch auf den alten Zeppelinen der Friedenszeit gefahren sind, den Parkplatz der Messe Friedrichshafen. Unter den Anwesenden selbstverständlich auch Lutz Zeller, der PR-Direktor der Stuttgarter Hofbräu, die die erste Werbeaktion am fliegenden Zeppelin finanziert.

Doch sie müssen sich gedulden, denn der Chef-Pilot Scott Dannecker arbeitet sehr akribisch, fast schon pedantisch, auf jeden Fall aber ausgesprochen verantwortungsbewusst die Checkliste zur störungsfreien Vorprüfung aller Hauptkomponenten ab. Nichts durfte dem Zufall überlassen werden, denn es gab, besonders aus den konkurrierenden Lagern der Blimp-Tourismus-Vertreter, nicht nur ernstgemeinte Kritik am Zeppelinprojekt, sondern auch prinzipielle Bedenken an dessen Ausführbarkeit, und man muss mit gehöriger Häme bei jedem kleinsten Misserfolg rechnen. Zu tief sitzt noch die Enttäuschung über die seit 1993 immer wieder aufflammende Kritik an ihrem Vorhaben. Von »grandiosen Rechenfehlern« war die Rede, als ob die statischen Berechnungen des Tragwerkes mit dem Wochenendeinkauf beim Discounter vergleichbar wären. Dabei haben die Konstrukteure des neuen Zeppelins doch auf die sachliche Kritik des Chefkonstrukteurs der WDL-Luftschiffgesellschaft Richard Gründer, die zu geringe Tragkraft des Luftschiffes betreffend, prompt reagiert und das Traggasvolumen um 1000 m³ vergrößert.

Auch aus wirtschaftlichen Gründen gilt es, mit höchster Vor- und Umsicht mit dem neuen Luftschiff umzugehen, denn angeblich will es die schweizerische Skyship Cruise Ltd. nach erfolgreicher Erprobung für rund 12 Millionen DM kaufen. Zusätzlich sollen wohl vier weitere Unternehmer Interesse am Erwerb der neuen Luftschiffe gezeigt haben. Die bisherigen Investitionskosten liegen weit über solchen Angeboten.

Inzwischen hatte das Luftfahrt-Bundesamt dem Antrag der ZLT, erste Tests mit dem neuen Luftschiff durchzuführen, vorläufig zugestimmt. Allerdings unter strengen Auflagen: Maximale Flughöhe 1000 Fuß, Flugdauer höchstens 45 Minuten und Höchstgeschwindigkeit 80 km/h. Sicherheit ist das oberste Gebot!

Um 18:47 Uhr hat das Warten endlich ein Ende. Unter tosendem Beifall der Tausenden

▪ Altzeppeliner, die noch zur Besatzung der Friedenszeppeline LZ 127 »GRAF ZEPPELIN« und LZ 129 »Hindenburg« gehörten, warteten mit besonderer Spannung auf das Kommando »Leinen los!«

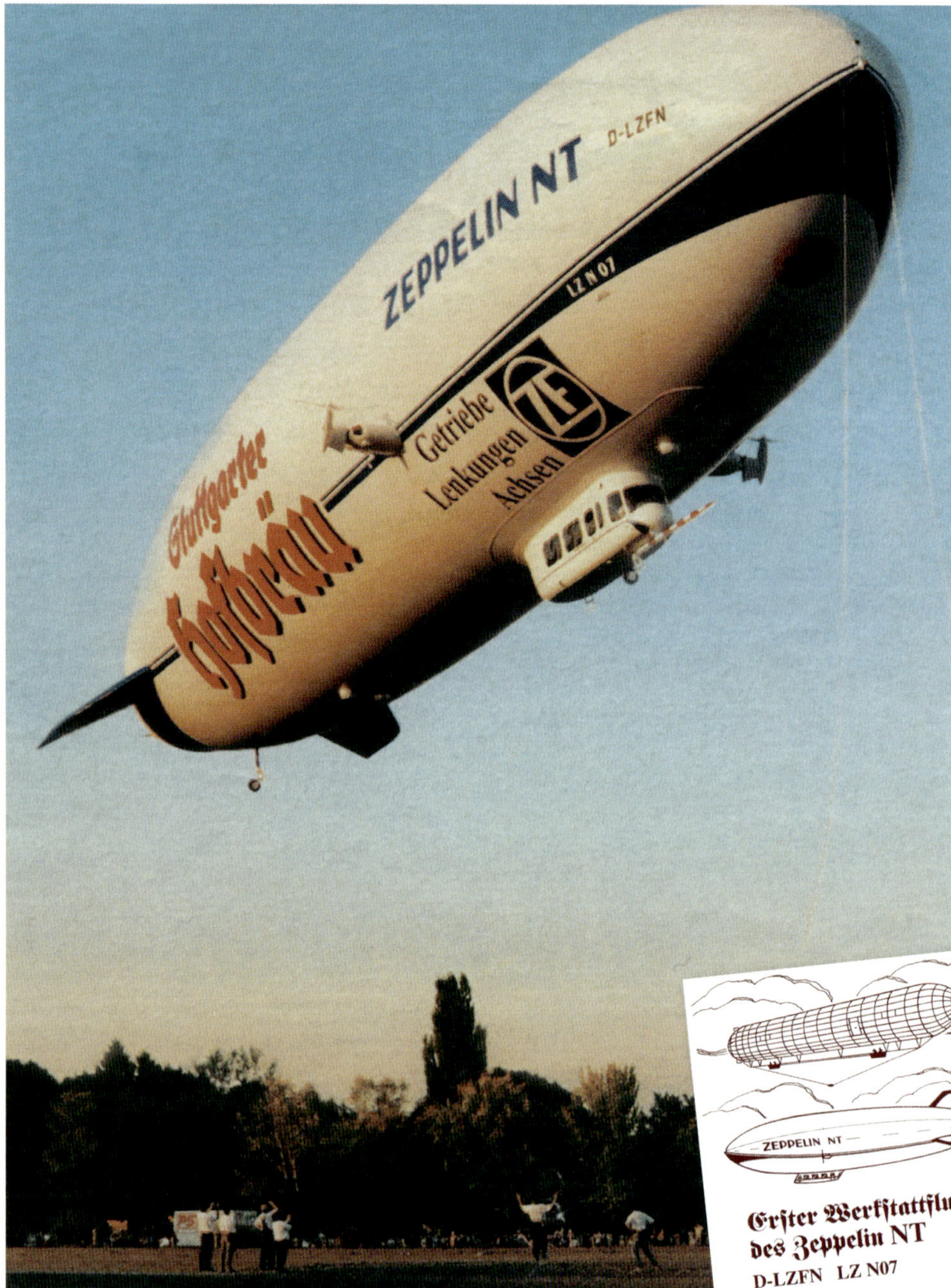

▪ Ein historischer Tag: Jungfernflug des ersten Zeppelin NT bei romantischem Sonnenuntergang am 18. September 1997.

erhebt sich der Zeppelin NT in den blauen, sonnenklaren Himmel.

Nach einer großen Schleife kehrt der Prototyp zum Startplatz zurück, schlägt dann die Richtung zum Bodensee ein und landet schließlich punktgenau am mobilen Ankermast bei dem noch nicht ganz fertigen Hangar auf dem Flugplatz Friedrichshafen. Damit ist auch der geplante Überführungsflug von der Messehalle 10 zur zwei Kilometer entfernten Luftschiffhalle erfolgreich absolviert.

Dieser Jungfernflug ist eine eindrucksvolle Demonstration der technischen Eigenschaften des Zeppelins und der großartigen innovativen, ingenieurtechnischen und handwerklichen Leistungen aller Mitarbeiter der ZLT.

Dieses Kalenderblatt vom 18. September 1997 lässt auch die Skeptiker verstummen: Der Zeppelin NT ist keine bloße Renaissance der Zeppeline, sondern er verheißt einen realistischen Aufbruch in die Zukunft des Luft-Reise-Tourismus.

Nach der glatten Landung zum Abschluss des Erstfluges des Zeppelin NT beginnen die vom Luftfahrtbundesamt geforderten zahlreichen Flugversuche. Vorsichtig konzentriert man sich auf Start- und Andockversuche, ehe man sich nach und nach immer weiter weg vom Hangar bewegt. Die ersten beiden etwas längeren Demonstrationsflüge leistet der Prototyp am 21. Juni 1998 über dem Graf-Zeppelin-Haus in Friedrichshafen und im Juli aus Anlass des Seehasenfestes.

Er ist der Star der Internationalen Bodensee Airshow, wo er sogar dem Jumbo-Jet und diversen Flugstaffeln die Show stiehlt.

Am 8. August 1998 landet das noch namenlose Luftschiff genau dort, wo vor exakt 90 Jahren der sagenhafte Siegeszug der »echten« Zeppeline begann: In Echterdingen bei Stuttgart.

▪ Sonder-Luftpostkarte aus Anlass des Jungfernfluges mit Bordstempel und unterzeichnet von der Vätern des wiedergeborenen Zeppelinprojektes Max Mugler und Klaus Hagenlocher sowie dem ersten Piloten Scott Danneker.

▪ Zur großen Freude aller Zeppeliner nehmen an der Luftschiffparade anlässlich der Namensgebung des ersten Zeppelin NT und in Erinnerung an den legendären Erstaufstieg des ersten »echten« Zeppelins vor exakt 100 Jahren auch zwei Prallluftschiffe der DWL (»THEO«) und der CargoLifter AG (»CHARLY«) teil.

Das damals, am 5. August 1908, restlos zerstörte Luftschiff LZ 4 löste eine unvorstellbare Solidaritätswelle mit dem Grafen Zeppelin aus, die schließlich in einer »Volksspende« zugunsten »Zeppelins und seines Werkes« gipfelte.

Mit einem beträchtlichen Teil der Spende wurde das Gründungskapital der »Deutsche Luftschifffahrts-Aktien-Gesellschaft« (Delag) am 16. November 1909 gebildet. Als deren Vorstand handelten die engen Mitarbeiter des Grafen Zeppelin Generaldirektor des Luftschiffbau Zeppelin GmbH Alfred Colsman als Vorsitzender und Hugo Eckener als Prokurist. Zum Vorstand gehörte auch der Frankfurter Oberbürgermeister Franz Adickes. Er vertrat eine ganze Reihe deutscher Bürgermeister, die die Idee einer deutschlandweiten Luftverkehrsgesellschaft sehr begrüßten und aktive Unterstützung zusicherten. Sie waren überzeugt, dass »dieser Tag von späteren Generationen einmal als der Tag gefeiert wird, an dem eine neue Epoche der modernen Kulturgeschichte ihren Anfang genommen hat.«

▪ Sonderpostkarte aus Anlass der Taufe des ersten Zeppelin NT am 2. Juli 2000 auf den Namen »FRIEDRICHSHAFEN«. Taufpatin ist die Enkelin des Grafen Zeppelin, Elisabeth Veil.

Gedachten am 18. September 1997 die Zehntausende Zeppelinbegeisterten der Verheißung ihrer Ahnen aus der Delag-Epoche?

Rechtsnachfolger der Delag wurde 1935 und nochmals 2001 die »Deutsche Zeppelin Reederei GmbH« mit Sitz in Friedrichshafen. Geschäftsführer ist seit 2017, als Nachfolger von Thomas Brandt, Herr Eckhard Breuer.

Vom 25.–30. September 1997 ist der Zeppelin NT prominentester Gast des Hauptsponsors »STUTTGARTER HOFBRÄU AG«, dessen Werbefläche er seit dem Erstflug immer noch trägt, anlässlich des Cannstatter Volksfest in Stuttgart.

Von Ende Februar bis April 1999 muss der Prototyp wegen einer Havarie beim Aushallen am Boden bleiben und am rechten Leitwerk repariert werden.

Vom 7. bis 10. Juli 1999 nimmt der Zeppelin NT zum ersten Mal an einer Sondermission im Dienste der Wissenschaft teil. In Zusammenarbeit mit dem Deutschen Zentrum für Luft- und Raumfahrt ist er Teil eines neuartigen satelittengestützten Nachrichtensystems.

Während über ihnen bereits die Hülle des zweiten Zeppelin NT schwebt, verfolgen Hunderte Reporter, Fotografen, Fernsehteams und Journalisten aus aller Welt in dem neuen Hangar in Friedrichshafen-Löwental am 2. Juli 2000, genau 100 Jahre nach dem sensationellen Aufstieg des ersten Zeppelins LZ 1, die Taufe des ersten Zeppelins NT. Tausende Häfler, ungezählte Freunde der Zeppelinidee, ja, die gesamte Bodenseeregion feiert diesen Augenblick enthusiastisch mit. Im Beisein von OB Bernd Wiedmann, Honoratioren der Stadt und Landesvertreter sowie zahlreicher Vertreter der Chefetagen beteiligter Unternehmen tauft die Enkelin des Grafen Zeppelin, Elisabeth Veil, den ersten Zeppelin NT auf den Namen »FRIEDRICHSHAFEN«. Ihre Mutter und einzige Tochter des Grafen Zeppelin, Frau Hella Gräfin von Brandenstein-Zeppelin, hatte bereits am 8. Juli 1928 anlässlich des 90. Geburtstag des Grafen, den ersten Friedenszeppelin auf den Namen »GRAF ZEPPELIN« getauft.

■ Der Prototyp am mobilen Ankermast auf Schweizer Boden.

Am Nachmittag wird nicht nur der aus dem Jahr 1909 stammende und inzwischen grundhaft sanierte Friedrichshafener Zeppelin-Brunnen wiedererrichtet. Höhepunkt der Feierlichkeiten ist eine Luftschiffparade über dem Bodensee, zu der als Gäste der »FRIEDRICHSHAFEN« auch Blimps erscheinen, einer von der Westdeutschen Luftwerbung (WDL) aus Mühlheim/Essen (»THEO«) und ein anderer aus Brand von der CargoLifter AG, das Skyship 600 »CHARLY«.

Nachdem die Frist für das Werbebanner für die Stuttgarter Brauerei abgelaufen ist, prangt nun die Werbung für die Zahnradfabrik Friedrichshafen (ZF) auf der Hülle der »FRIEDRICHSHAFEN«. Weitere Sponsoren stehen auf der Warteliste.

Am 15. Juli besucht der Zeppelin NT den berühmten Nürburgring während einer Sportveranstaltung. Danach begibt er sich zum Gegenbesuch nach Bonn/Hangelar und Essen/Mühlheim, der Heimat des WDL-Blimp »THEO«, wo sich heute der neue Standort für Zeppelin NT-Rundflüge befindet. Auch dem Luftfahrt-Bundesamt in Braunschweig stattet man auf diesem Flug einen »luftigen« Besuch ab. Von Braunschweig aus fliegt das Luftschiff am 21. Juli zur EXPO 2000 nach Hannover. Am nächsten Tag landet es in Nordholz bei Cuxhaven, dem einstigen großen Luftschiffhafen der Kaiserlichen Marine und heutigen Standort des Marinefliegergeschwaders 3 »Graf Zeppelin«. Auf der Rückreise nach Friedrichshafen, am 1. August, versäumt es der Zeppelin NT nicht, Eckeners Geburtsstadt Flensburg zu überfliegen. Erstmals besucht das Luftschiff auch die Hauptstadt Berlin.

Die Flugsaison für das Jahr 2001 beginnt mit einem aufsehenerregenden Flug am 8. Februar. Obwohl die »FRIEDRICHSHAFEN« nie für den Passagierdienst zugelassen wurde, steigen an diesem Tag der Ministerpräsident von Baden-Württemberg Erwin Teufel, der Verkehrs- und Umweltminister Ulrich Müller und der Oberbürgermeister der Stadt Friedrichshafen Dr. Bernd Wiedmann mutig in die Kabine des Luftschiffes und genießen eine knappe Stunde lang diesen Rundflug über Meersburg und die Insel Mainau. Der bisher Zeppelin-skeptische Teufel resümierte anschließend: »Ich bin sicher, dass der neue Zeppelin zu einer ganz großen touristischen Attraktion wird.«

▪ Die »FRIEDRICHSHAFEN« mit Branding in eigener Sache.

▪ Der Milliardär und Flugpionier Steve Fossett (links) im Cockpit des Prototyps.

Während inzwischen das erste Serienluftschiff SN 02 fertiggestellt ist und sich auf den touristischen Flugdienst vorbereitet wird, leistet der Prototyp »FRIEDRICHSHAFEN» weiterhin zahlreiche Demonstrations- und Werbeflüge. Daneben dient der Zeppelin NT als Schulungsschiff für die Pilotenausbildung.

Ein Höhepunkt in dieser Zeit ist der Besuch der Internationalen Luftfahrtausstellung in Le Bourget/Paris vom 14.–24.Juni 2001, bei der der Zeppelin NT die große Ehre erwiesen bekommt, die Luftfahrtschau zu eröffnen.

In den folgenden zwei Jahren absolviert die »FRIEDRICHSHAFEN« mehrere hundert Flugtage und weit mehr als zweitausend Flugstunden.

Im März 2004 wird bekannt, dass die »FRIEDRICHSHAFEN« für eine 80-tägige Werbetour durch Osteuropa für die BMW AG eingesetzt wird. In 19 Etappen geht die Tour vom 29.April bis zum 23. Juli unter anderem zu den Städten Prag, Bratislava, Ljubljana, Zagreb, Belgrad, Sofia, Istanbul, Bukarest, Budapest und Wien. Der neue 1er BMW soll in diesen Ländern einen neuen Markt finden.

Zwei Tage vor Beginn der Tour, am 27. April, sorgt die »FRIEDRICHSHAFEN« erneut für internationale Schlagzeilen, nachdem der amerikanische Milliardär, Abenteurer und einer der 14 zertifizierten Zeppelin-Piloten, Steve Fossett, mit dem Luftschiff einen Geschwindigkeits-Weltrekord im Zeitfahren aufstellte.

Die wohl ungewöhnlichste Mission, die je ein Luftschiff unternommen hat, ist das Ergebnis eines Abkommens zwischen der Zeppelin-Luftschifftechnik GmbH Friedrichshafen und dem weltgrößten Diamantenkonzern DeBeers in Johannesburg. Es geht um die Erkundung künftiger Abbaustätten für die kostbaren Rohdiamanten. Das Unternehmen hofft auf effektivere Unter-

■ Am 1.August 2005 geht die »FRIEDRICHSHAFEN« für 22 Tage in einem Dockschiff auf Seereise nach Südafrika. Dort soll es mit neuartigen wissenschaftlichen Methoden Diamantenvorkommen aufspüren.

suchungen als alle bisher angewandten Erkundungsmethoden. Dabei suchen spezielle Gravimetrie-Instrumente vom Zeppelin NT aus nach Bodenschichten, deren Dichte auffallend höher ist als deren Umgebung und die magnetische Auffälligkeiten aufweisen. Dabei könnte es sich um Diamanten enthaltendes Kimberlit vulkanischen Ursprungs handeln.

Am 1. August 2005 hebt der Zeppelin NT in Friedrichshafen ab und landet am selben Tag in Amsterdam, wo die gasgefüllte »FRIEDRICHSHAFEN« auf ein Dockschiff verbracht wird. Zuvor war der Zeppelin um mehr als eine halbe Tonne leichter gemacht worden, um später die schweren Messgeräte aufnehmen zu können.

Nach mehrwöchiger Überfahrt landet das Schiff mit seiner seltsamen Fracht am 23. August im Zielhafen Kapstadt, kann aber wegen schwieriger Wetterunbilden erst am

■ Die »FRIEDRICHSHAFEN« an einem Stützpunkt in der Kalahariwüste in Botswana. Am Boden steht ein mobiles Heliumgasspeichersystem mit 400 m³ Fassungsvermögen. Tagsüber wurde das Gas wegen der großen Hitze und der starken Sonneneinstrahlung aus dem Tragkörper in den Tank abgefüllt, um es nachts für die Flüge wieder zurück zu pumpen.

▪ Start für eine weitere nächtliche Suchaktion nach Diamanten. Tagsüber war das wegen zu hoher Temperaturen nicht möglich.

▪ Der Prototyp erhält nächtlichen »Besuch«.

31. August entladen werden. Von dort aus fliegt der Zeppelin NT direkt ins Einsatzgebiet nach Botswana.

Von dort sollte es jedoch nie wiederkehren.

Nach mehr als 800 Flugstunden in knapp zwei Jahren in Afrika reißt am 20. September 2007 mittags eine Windhose das am Landemast in Sekoma/Botswana gefesselte Luftschiff in die Höhe, schmettert es zurück auf die Erde, wo es als irreparables Wrack liegen bleibt. Der ursprüngliche Plan, das Luftschiff nach Beendigung der wissenschaftlichen Mission als Werbeträger oder vielleicht doch als besonderes Reisemittel umzubauen, ist binnen weniger Sekunden gegenstandslos geworden.

10 Jahre und 2 Tage nach dem Erstflug und nach 3306 Flugstunden sowie nur zwei Monate vor Ablauf des Mietvertrages existiert der Prototyp D-LZFN »FRIEDRICHSHAFEN« mit der Seriennummer 001 nicht mehr.

D-LZZR »BODENSEE« – erfolglos in Japan – Neustart als D-LZFN – Dauerbranding »GOODYEAR« – »HUGO ECKENER« – Mühlheim/Ruhr

(Erstflug 19. Mai 2001)

Da bis Ende 2000 entgegen aller Marktanalysen noch kein Käufer eines Zeppelin NT in zuverlässige Vertragsverhandlungen eingestiegen, der zweite Zeppelin aber schon fertiggestellt ist, entschließt sich die Zeppelin Luftschifftechnik GmbH & Co. KG (ZLT) zur Selbstvermarktung des neuen Luftschiffes in Sachen Tourismus, Werbung und Sondermissionen.

Am 26. April 2001 erhält das erste Serienluftschiff (SN 02) mit der Kennzeichnung D-LZZR nach knapp 1000 Flugstunden und 3600 Flugkilometern im Rahmen der Luftfahrtmesse »AERO 2001« in Friedrichshafen die Musterzulassung vom Luftfahrt-Bundesamt. Gleichzeitig wird die ZLT als Luftfahrt-Herstellerbetrieb zertifiziert und, nachdem sich im Januar die Deutsche Zeppelin-Reederei, eine späte Nachfolgergesellschaft der Delag aus dem Jahr 1909, gegründet hat, erfolgt deren Anerkennung als Luftfahrtbetrieb. Unter dieser neuen Firma nimmt der Zeppelin NT den Flugbetrieb auf. Sein Erstflug findet am 19. Mai 2001 mit den Piloten Fritz Günther und Dominique Manière statt.

Der neue Zeppelin NT wird am 10. August 2001 von SKH Herzog von Württemberg auf den Namen »BODENSEE« getauft, und schon

■ Abendausflug des ersten Serienzeppelin NT D-LZFN »HUGO ECKENER« (ehemals D-LZZR »BODENSEE«). (Schenkenberger J.)

fünf Tage später steigen die ersten Passagiere in dessen Gondel. Fast täglich ist nun der restlos ausgebuchte Zeppelin NT insbesondere im Bodenseeluftraum unterwegs. Sehr zur Freude auch der am Boden Gebliebenen, die sich eifrig um besonders beeindruckende Fotos von dem »Zeppelin« bemühen.

Bis zum Jahresende befördert die »BODENSEE« während 431 Flügen 3169 Fahrgäste. 2002 steigt die Zahl der Flüge auf insgesamt 1484, 2003 auf 2467 und bis zu ihrem vorläufigen Ende der Passagierluftschifffahrt in Deutschland im Mai 2004 auf 2581 Flüge. Zeitweise übersteigt die Ticketnachfrage bei Weitem die begrenzten Verkaufsmöglichkeiten – trotz respektabler Flugpreise.

Diese Ära endet Mitte 2004 vorläufig, weil sich für den Einsatz dieses Luftschiffes ein neuer Horizont auftut und inzwischen der dritte Zeppelin NT mit der Seriennummer 03 bereits mit mehreren hundert Flügen fest in das touristische Geschäft der DZR eingebunden ist.

Endlich war ein Käufer für die »BODENSEE« gefunden. Es ist die japanische Nippon Airship Corporation Nagoya/Japan.

Die feierliche Übergabe des Zeppelin NT an den neuen Betreiber erfolgt am 12. Juni 2004. Gern erinnerte man sich: Vor 75 Jahren lief damals die heiße Vorbereitungsphase für die historische Weltfahrt des Versuchsluftschiffes LZ 127 »GRAF ZEPPELIN«. Hugo Eckener, seinerzeit engster Mitarbeiter des Grafen Zeppelin und Initiator der nächsten deutschen Zeppelingeneration, hatte seit der Erstfahrt des Zeppelins am 18. August 1928 im Oktober schon einmal den Atlantik mit dem »Graf« überquert und war in Lakehurst/USA frenetisch von den Amerikanern gefeiert worden. Diese außerordentliche aeronautische Leistung brachte ihm den Ehrennamen »Magellan der Lüfte« ein.

Auch mehrere Mittelmeeranrainer empfingen den Zeppelin unter Eckeners Führung auf zwei weiteren 13 000 km langen Fahrstrecken enthusiastisch. Nun erwartete die breite internationale Öffentlichkeit die Krönung dieser Werbefahrten, nämlich die erste Weltfahrt der Menschheit per Luft.

Tatsächlich stellte sich Eckener dieser sensationellen Herausforderung mit seinem Luftschiff. Am 19. August 1929 erreichte die »GRAF ZEPPELIN«, von Lakehurst-Friedrichshafen kommend, nach vier Tagen Non-Stopp-Fahrt Tokio, wo Eckener vom Kaiser persönlich empfangen wurde. Nach vier Tagen Aufenthalt in Japan, in dieser Zeit wurden die Wasserstoffzellen aufgefüllt und verschiedene Reparaturen ausgeführt, startete der Zeppelin zu den nächsten zwei Etappen über den Stillen Ozean nach Amerika und danach über den Atlantik zurück zum Heimathafen Friedrichshafen. Auch aus heutiger Sicht eine völkerverbindende Kulturtat ersten Ranges.

Ursprünglich soll die »BODENSEE« die gleiche Route wie der »GRAF« vor einem Dreiviertel Jahrhundert von Friedrichshafen über Russland nach Japan fliegen. Es sind 45 Zwischenstopps eingeplant, um exakt am denkwürdigen 19. August 2004 in Tokio zu landen. Aber willkürliche Verzögerungen seitens der russischen Behörden lassen die Verantwortlichen davon Abstand nehmen, und nach unnütz vertanen sechs Wochen Hinhaltens fliegt der Zeppelin NT von Helsinki nach Friedrichshafen zurück. Man wählt lieber den viel längeren Seeweg zu Wasser und fliegt zunächst zum süditalienischen Containerhafen Gioia Tauro/Kalabrien. Dort wartet bereits ein Dockschiff auf das Luftschiff.

Die unfreiwillige Seereise beginnt am 9. Dezember 2004 und endet einen Monat später im japanischen Hafen von Köbe in der Bucht von Osaka. Schon am 14. Januar 2005 erfolgt die erste Auffahrt auf japanischem Boden. Rasch wird der Zeppelin NT umgetauft. Er trägt nun den Namen »YOKOSO! JAPAN!« (Herzlich willkommen! Japan!) und trägt die neue Kennzeichnung JA101Z. Obwohl drei japanische Piloten und ausrei-

▪ Probeaufstieg des umgetauften »YOKOSO! JAPAN!« JA101Z in der Bucht von Osaka.

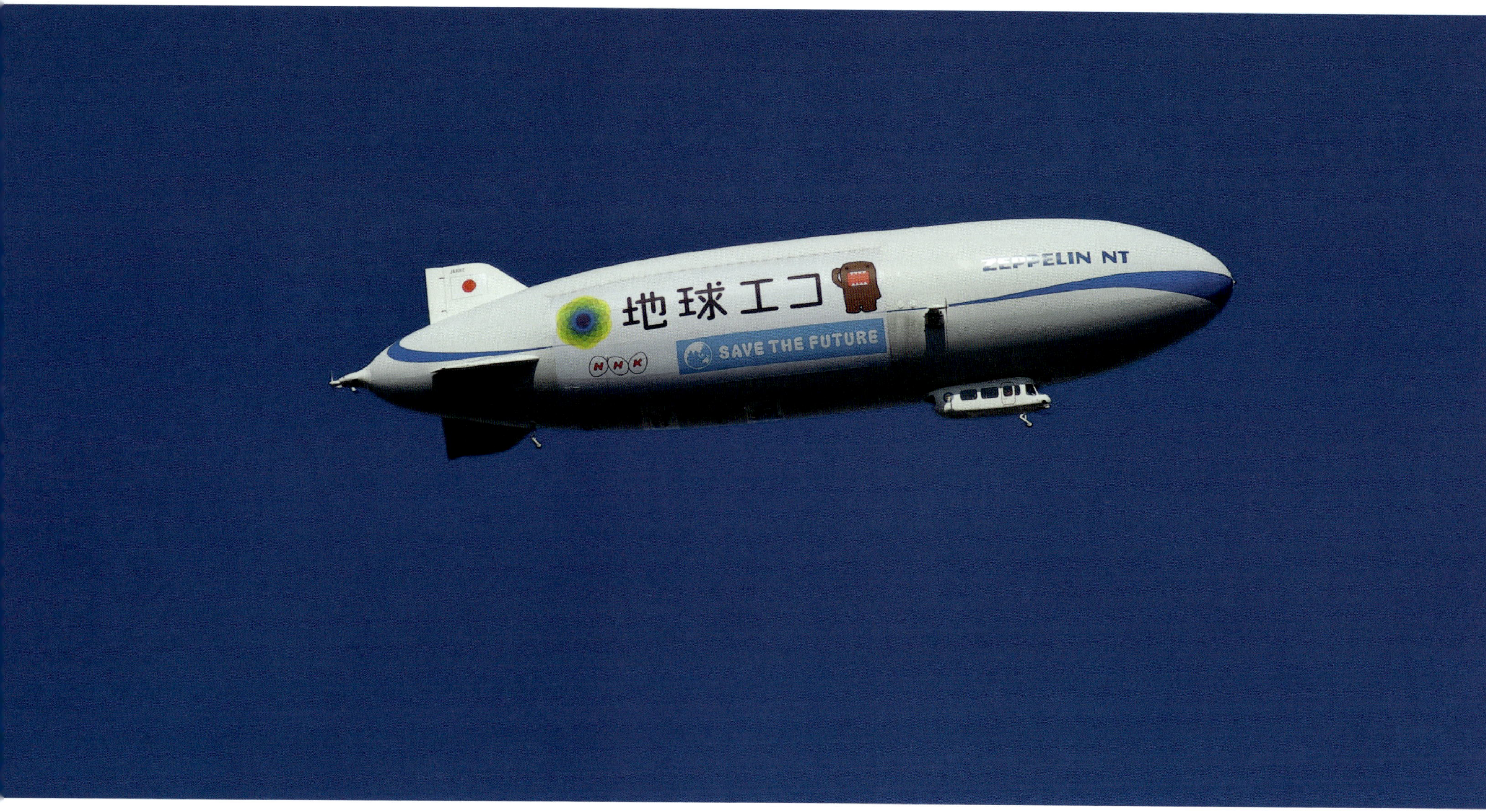

Einer der viel zu seltenen touristischen Rundflüge über Tokio am 4. Januar 2009.

chend Bodenpersonal bereits in Deutschland ausgebildet wurden, erhält der Zeppelin NT erst Anfang Juli 2007 die Zulassung als Passagierluftschiff. Viel zu spät, um als spannendes, neuartiges Reisemittel genügend Aufmerksamkeit auf sich zu ziehen. Im Gegenteil. Der Name »Zeppelin« verlor in der langen Auszeit viel an Respekt und Reiz. Die Piloten unternehmen mit dem Luftschiff lediglich verschiedene Werbeflüge und einige Sondermissionen.

Erwähnenswert sind in diesem Zusammenhang die Einsätze des Zeppelin NT während der Weltausstellung EXPO 2005, bei denen das Luftschiff hilft, logistische und polizeiliche Aufgaben zur Erfassung und Verarbeitung von Verkehrsdaten zu lösen.

Erschwerend für einen rentierlichen touristischen Flugbetrieb der ehemaligen »BODENSEE« ist, dass die Bergehalle des Zeppelin NT mehr als 500 km entfernt vom er-

hofften Haupteinsatzort Tokio steht. Deshalb gehen wohl auch die Passagierzahlen nach ersten erfolgversprechenden Monaten ziemlich schnell zurück, und die Auslastung der Flüge entspricht immer seltener den Erwartungen, wodurch das Unternehmen in eine gefährliche Schieflage gerät.

Als logische Folge stellt die Betreiberfirma im Mai 2010 den Flugbetrieb gänzlich ein, und die ZLT entschließt sich im Sommer zum Rückerwerb der »BODENSEE«, anschließender Demontage vor Ort und zum schnellstmöglichen Rücktransport nach Friedrichshafen.

■ Nach einer weiteren technischen Modernisierung (Baureihe LZ N07-101) erhält die ehemalige »BODENSEE« im Mai 2020 ein neues Layout. Sie fliegt jetzt mit dem Branding des amerikanischen Reifenherstellers Goodyear. (Krug, A.)

GOOD YEAR

▪ Der deutsche Goodyear-Zeppelin im Juni 2021 auf Werbetour am Shard-Wolkenkratzer über London.

In knapp zehnmonatiger Bauzeit bauen die Friedrichshafener den Zeppelin NT wieder zusammen, erneuern dabei die komplette dreiteilige Längsstruktur und nutzen die Gelegenheit, um verschiedene technische Verbesserungen vorzunehmen.

Vorrangig soll die »BODENSEE« 2012 und 2013 im europaweiten Klimaforschungsprojekt »PEGASOS« eine zentrale Rolle spielen. Deshalb erhält das Luftschiff neben anderen Umbauten auf seinem Rücken eine starre Plattform für spezielle Messgeräte.

Langfristig soll die »BODENSEE« aber unter der Kennzeichnung D-LZZR (R) (Rebuild) wieder in den allgemeinen Flugdienst in Sachen Tourismus einsteigen. Zunächst behält er seinen Taufnamen »BODENSEE« und absolviert den ersten Werkstattflug am 27. April 2012.

Die interessanteste Sondermission fliegt die »BODENSEE« im Auftrag des Forschungszentrum Jülich. Vom 15. April 2013 an fliegt der Zeppelin NT mehrere Monate im Dienst des EU-Klimaforschungsprojektes »PEGASOS« im nordeuropäischen Luftraum und setzt damit die bereits seit einigen Jahren bestehende enge Zusammenarbeit mit der Friedrichshafener ZLT fort.

Kaum von der PEGASOS-Mission in Finnland zurückgekehrt, wartet im Juli auf den Zeppelin NT ein neuer Einsatz. Mit seiner Hilfe soll die polizeiliche Seeüberwachung und der Grenz- und Küstenschutz im Mittelmeerraum verbessert werden.

Von Ende August bis zum 5. Oktober 2013 unternimmt die »BODENSEE« für das französische Reiseunternehmen Airship Paris unter großer Anteilnahme und überwältigender Begeisterung mehrere Passagierflüge in Frankreich.

Neben solchen und weiteren Sondermissionen betreibt die DZR weiterhin sehr erfolgreich den Luftschiff-Tourismus mit den beiden Schwester-Luftschiffen »BADEN-WÜRTTEMBERG« (SN03) und »BODENSEE« (SN02). So konnte der weltweit 200 000. Fluggast herzlich begrüßt werden.

Im Winter 2015/2016 wird die ehemalige »BODENSEE« nicht nur einer regelmäßigen Jahresinspektion unterzogen, sondern auf die moderne Version LZ N 07-101 umgerüstet. Wesentlich: Dank einer Gewichtsersparnis an der Gondelstruktur konnte diese etwas verlängert werden, wodurch zwei zusätzliche Sitzplätze entstehen. Die Avionik entspricht nun dem neuesten Stand der Technik. Die Ruderflächen können jetzt simultan elektrisch bewegt werden.

Eine Zäsur erlebt die DZR im Mai/Juni 2020, nachdem der amerikanische Reifenhersteller Goodyear Tire & Rubber Company mit Sitz in Akron, Ohio, USA die Zusammenarbeit mit ihrem Friedrichshafener Partner noch einmal deutlich erweitert hat und das Goodyear-Branding auf der »BODENSEE« anbringen lässt. Von nun an prangt das gelbblaue Logo auf der Hülle und schmückt bis heute den Zeppelin NT.

Sein erster Auslandseinsatz ist beim 24-Stunden-Rennen in Le Mans vom 19.–20. September 2020, das wegen der weltweiten Corona-Pandemie erstmals ohne Publikum durchgeführt wird. Kurz darauf ist er zwischen dem 24. und 27. September 2020 beim 24-Stunden-Rennen auf dem Nürburgring als fliegende Kamera unterwegs.

Die dritte Taufe in seiner bewegten Geschichte erlebt die »BODENSEE« am 3. Mai 2024 im Hangar am Friedrichshafener Flughafen. Aus Anlass des 100. Jubiläums der historischen Amerikafahrt des »echten« Zeppelins LZ 126 im Oktober 1924 und aus Verehrung für dessen Chefpiloten und langjährigem Aufsichtsratsvorsitzenden der DZR erhält das erste Serienluftschiff (SN02) D-LZFN den Namen »HUGO ECKENER«.

Dieser Zeppelin NT mit dem Branding »GOODYEAR« unternimmt seitdem regelmäßige Rundflüge vom neuen Zeppelin-Stützpunkt Mühlheim/Essen aus ins Ruhrgebiet und darüber hinaus zu Zielflügen in die Metropolen Deutschlands und zu Charterflügen in ganz Europa.

Nicht zufällig ist der Standort Mühlheim/Essen für den neuen Goodyear-Zeppelin gewählt worden. Die Stadt besitzt seit fast 70 Jahren einen traditionellen Luftschiff-Standort für Prall-Luftschiffe. Die WDL-Gruppe machte sich hier im Jahre 1955 erfolgreich ansässig, wobei besonders ihr Blimp »THEO« unter Luftschiff-Enthusiasten schon wahrhaft legendären Ruf besitzt. Nord-

GOODYEAR

▪ Die neue Heimstatt für den Zeppelin NT D-LZFN »HUGO ECKENER« in Mühlheim/Essen. (Slowak, L.)

rhein-Westfalen bietet mit seinen fast 20 Millionen Einwohnern und den nahen Benelux-Staaten nach betriebsinternen Schätzungen der DZR einen vielversprechenden Markt für unterschiedliche Rund- und Zielflüge. Die Stadt ist aus verkehrlicher Sicht sehr gut mit der Rhein-Ruhr-Region vernetzt, und das Land bietet ein interessantes Mosaik aus mehr als 100 Jahren Industriekultur, boomenden Großstädten wie Köln und Düsseldorf sowie wohlbehaltener Landschaften. Nicht zuletzt spricht für Mühlheim/Essen die Nähe zum Forschungszentrum Jülich, einem traditionell wichtigen Auftraggeber für wissenschaftliche Flüge mit den Zeppelinen NT.

Rundflüge von Mühlheim/Essen im Rhein-Ruhr-Gebiet mit dem Zeppelin NT »HUGO ECKENER«

Kommerzielle Rundflüge mit Prallluftschiffen und verschiedenartigen Flugzeugen gibt es in Nordrhein-Westfalen schon seit mehr als 100 Jahren. Doch kein Luftschiff hat es wie der Blimp »THEO« zu solcher Berühmtheit geschafft. Er wurde zu einem Wahrzeichen der Stadt Mühlheim. Knapp ein halbes Jahrhundert sandte das Luftschiff allerlei Werbebotschaften aus, konnte aber lediglich nur bis zu sieben Passagiere auf Rundreisen an Bord nehmen. Bereits das erste Werbebanner für die Wuppertaler Wicküler-Brauerei brachte dem Luftschiff den populären Namen »Fliegendes Musketier« ein. Den Namen »THEO« trägt der Blimp seit 2017, fünf Jahre nach dem Tod des Mühlheimer Unternehmers Theodor Wüllenkemper, der 1972 erstmals mit seinem selbstgebauten Blimp Luftwerbung machte.

Weil technisch veraltet und zu großen Teilen verschlissen, wurde das Prallluftschiff noch vor Ankunft des neuen Zeppelin NT »HUGO ECKENER« außer Dienst gestellt.

Bevor der Zeppelin NT seinen neuen Standort in Mühlheim beziehen konnte, musste die WDL als Bauherr für ihn eine neue Unterkunft errichten. Entstanden ist anstelle der alten Bergehalle ein Luftschiffhangar, der aus vielerlei Gründen seinesgleichen weltweit suchen kann. Er bietet nicht

▪ Von Mühlheim/Essen aus werden mehrere Rund- und Zielflüge durch die DZR angeboten. (Slowak, L.)

nur Platz für »THEO« und »HUGO ECKENER«, sondern mit seinen 3500 m² Grundfläche, 42 m Breite und 26 m Höhe eine wandelbare Multifunktionshalle. Der Hangar eignet sich zudem für Großveranstaltungen, Konferenzen, Workshops, Messen und andere Events. Bis zu 1500 Personen finden in der großen Halle Platz.

Der Baukörper ist ein architektonisches Meisterwerk mit einer atemberaubenden Atmosphäre, das nach Fertigstellung mit mehreren hohen Architektur-, Umwelt- und Wirtschaftspreisen ausgezeichnet wurde.

Am 22. Juni 2022 war »Grundholzlegung«, so benannt, denn der Bau ist komplett aus einheimischem Fichtenholz hergestellt. Besonders interessant sind die Torbögen konstruiert. Jeder Torflügel hat eine Fläche von 400 m² und ein Eigengewicht von 72 t. Geöffnet und geschlossen werden die Tore mittels vier Elektromotoren von je 60 kW Leistung.

- Während eines Rundfluges wird der Zeppelin NT mehrfach Gelegenheit haben, die Ruhr zu überfliegen, bevor sie in den Rhein mündet und in die Nordsee fließt. (Slowak, L.)

- Der Baldeneysee ist die TOP-1-Sehenswürdigkeit der Essener Region. Er hat eine 2,7 km² große Wasserfläche und 7,5 Millionen m³ Speicherraum. Der zwischen 1931 und 1933 angelegte Stausee ist der größte längs der Ruhr und ein sehr beliebtes Naherholungsgebiet. (Slowak, L.)

GOODYEAR
D-LZFN
ZEPPELIN NT
Die schönste Art zu fliegen

GOODYEAR

▪ Die mitten im Ruhrgebiet gelegene Großstadt Essen ist seit dem 18./19. Jahrhundert durch intensive Kohle- und Stahlproduktion geprägt. Heute präsentiert sie sich als »Grüne Hauptstadt Europas«. (Slowak, L.)

Die äußere Form des Hangars ist strömungstechnisch bestens optimiert, um aufkommenden Windböen und selbst orkanartigen Stürmen minimale Angriffsfläche zu bieten. Augenscheinlich stand die alte Dresdner Luftschiffhalle (Bj. 1913) den Bauherren als Pate.

Die gesamte Oberfläche der Halle ist mit Kalzip-Profilbahnen aus Aluminium gedeckt. Die Konstruktion besitzt eine hohe Wärmeisolierung und Energieeffizienz.

Vom Hangar Mühlheim/Essen aus sind mehrere Rundflüge buchbar, u.a. die Flüge »Zeche Zollverein« (45 Min), »Ruhrort/Gason« (45 Min), »Auf Schalke« (45 Min), »Medienhafen« (75 Min).

■ Die Zeche Zollverein ist ein außergewöhnliches Industriedenkmal, das Industriekultur, Kunst und Geschichte vereint. 2001 wurde ihr von der UNESCO der Titel »Weltkulturerbe« zuerkannt. Auf der 100 ha großen Freifläche vermittelt der »Weg der Kohle« viel Wissenswertes von der Förderung der Kohle bis zur Veredlung des »schwarzen Goldes«. (Slowak, L.)

■ Die letzte Besuchergruppe hat die Gondel verlassen. Das Luftschiff wird für das Einhallen vorbereitet. (Slowak, L.)

D-LZFN
ZEPPELIN NT
Die schönste Art zu fliegen
GOODYEAR

ZEPPELIN

D-LZZF »BADEN-WÜRTTEMBERG« – sensationelle Erfolgsgeschichte in Sachen Tourismus und Luftwerbung

(Erstflug 9. Februar 2003)

▪ Die »BADEN-WÜRTTEMBERG« ist das erfolgreichste Luftschiff aller Zeiten. Kein Luftschiff beförderte mehr Passagiere und trug so viele unterschiedliche Werbebotschaften auf ihrer Hülle. (ZLT)

Als der Zeppelin NT am 9. Februar 2003 zu seiner Jungfernfahrt aufsteigt, ist das Wetter an diesem Tag wie bestellt: Strahlender Sonnenschein und tiefblauer Himmel über dem Startplatz. Strahlend weißer Schnee liegt auf der gesamten Bodenseelandschaft. Auch der Wind scheint sich mit den Zeppelinern verbunden zu haben, denn er hält sich auffallend zurück.

Zum ersten Mal steigen am 1. März Passagiere in den Zeppelin NT.

In den folgenden Jahren bleiben Rundflüge über dem See der absolute Renner, aber auch Flüge in andere Regionen und über viele Metropolen erfreuen sich großer Beliebtheit. Besonders angesagt sind Rundflüge über München, Frankfurt a. M. und das Ruhrgebiet.

Schon in der ersten Jahresbilanz (2002) verzeichnet das einzige vorhandene Passagierluftschiff, die »BODENSEE«, auf solchen Flügen rund 10 000 Passagiere.

Zusammen mit der »BODENSEE« werden bis zum Jahresende 2003 mehr als 30 000 befördert. Doch durch den Verkauf der »BODENSEE« nach Japan im Jahr darauf sinkt die Beförderungszahl auf knapp unter 10 000.

▪ Es gibt wohl keine deutsche Großstadt, die die »BADEN-WÜRTTEMBERG« nicht besuchte. In München gehören der Dom »Zu Unserer Lieben Frau« und der Marienplatz mit dem Rathaus zu den beliebtesten Fotomotiven. (Schenkenberger, J.)

Auch 2005 steigt sie nicht wesentlich an, im Jahr 2006 geht sie sogar auf unter 9000 zurück.

Deshalb hält die DZR an ihrem Beschluss fest, vorläufig keinen weiteren Zeppelin NT in Dienst zu stellen.

Für den Bauherren der Luftschiffe, die Friedrichshafener Zeppelin Luftschifftechnik (ZLT), ist diese Situation schwierig. Hunderte Arbeitsplätze stehen auf der Kippe. Gezwungenermaßen verhängt die ZLT Ende 2002, noch vor der Fertigstellung der »BADEN-WÜRTTEMBERG«, einen vorläufigen Baustopp für weitere Zeppeline NT. Es sei unabdingbar, dass erst dann ein neuer Zeppelin NT gebaut würde, wenn ein zuverlässiger Abnehmer gefunden sei.

Auf die Erfolgsbilanz der »BADEN-WÜRTTEMBERG« hat diese Entscheidung nur marginalen Einfluss. Nach einem zwischenzeitlichen Umsatzrückgang befördert sie 2007 sogar 15 000 Passagiere. Danach pegelt sich die Zahl der beförderten Passagiere bei etwa 12 000 ein. Diese Zahl wird auch in späteren Saisons nur selten unterschritten, sondern sehr häufig übertroffen. Über die gesamte Dienstzeit hinweg wird die »BADEN-WÜRTTEMBERG« stets sehr gut ausgelastet.

Doch auch diese beeindruckende Bilanz kann nicht darüber hinwegtäuschen, dass der Erwerb und der Betrieb eines Zeppelin NT wirtschaftlich nicht rentabel sein können. Die Erlöse aus dem Verkauf der Flugtickets, die Werbeeinnahmen und die Pauschalen für Sondermissionen können lediglich seine Betriebskosten decken, nicht aber den Kaufpreis bzw. die Entwicklung und den Bau eines neuen Luftschiffes kompensieren. Die Finanzierung des Zeppelin-NT-Projektes ist nur über die Zeppelin-Stiftung rentabel. Diese Stiftung erhielt ihr Stiftungskapital aus der legendären »Zeppelinspende des deutschen Volkes« aus dem Jahr 1908 (1947). Sie wurde einst ausgelöst als Folge des »glück-

▪ Die kreisrunde Altstadt von Nördlingen. (Vogt, E.)

▪ Traumhafte Region Baden-Baden. (Seiffer, A.)

▪ Frankfurt am Main. Stadtpanorama. (Schenkenberger, J.)

lichsten Unglücks in der Geschichte der Luftfahrt«, nachdem das Luftschiff LZ 4 bei Echterdingen verbrannte. Das Stiftungskapital zählt heute zum Sondervermögen der Stadt Friedrichshafen und beträgt ca. 1,5 Mrd. Euro.

Erst mit der Rückkehr der »BODENSEE« 2012 aus Japan und ihrem anschließenden sehr zeitaufwendigen und teuren Neuaufbau (Rebuild) stieg 2014 die Gesamtpassagierzahl beider Luftschiffe auf 16.000 und danach bis zur Außerdienststellung der »BADEN-WÜRTTEMBERG« im Jahr 2019 auf durchschnittlich 22 000 pro Saison.

Doch auch diese beiden Luftschiffe können perspektivisch den stetig wachsenden Bedarf an touristischen Flügen nicht befriedigen

Noch problematischer entwickeln sich die vielen Absagen, die die DZR gegenüber potentiellen Fluggästen erteilen muss, weil die Flüge lange im Voraus schon ausgebucht sind.

Dennoch scheut sich die DZR noch viele Jahre, einen weiteren Zeppelin NT im deutschen Flugtourismusgeschäft in Auftrag zu geben.

Sehr erfolgreich ist all die Jahre die »BADEN-WÜRTTEMBERG« als Werbeträger un-

■ Die »BADEN-WÜRTTEMBERG« erhält mit der aus Japan zurückgekehrten »BODENSEE« (r.) nach deren grundhaften technischer Überholung endlich Unterstützung bei der Bewältigung des riesigen Begehrs nach Flugtickets. Auf Dauer kann diese Lösung jedoch nicht von Dauer sein, denn an dem Luftschiff nagt langsam, aber stetig der Zahn der Zeit. (Schenkenberger)

■ Mit den beiden Zeppelinen NT »BODENSEE« und »BADEN-WÜRTTEMBERG« versucht die DZR in den Zehnerjahren den gewaltigen Touristenandrang mit Flugtickets zu befrieden. Gleichzeitig generieren sie beträchtliche Werbeeinnahmen. (Prelop, M.)

VISIONEN LEBEN!
175-graf-zeppelin.de
ZEPPELIN

terwegs. Fast 20% der Einnahmen des Luftschiffes resultieren aus diesem Geschäft.

Die schönste Werbekampagne führt das Luftschiff 2007 im Zusammenarbeit mit der Insel Mainau durch. Für das Motto »Ein Traum vom irdischen Paradies« schuf der Maler und Bildhauer Stefan Szczesny in seiner unverkennbaren Bildsprache ein Kunstwerk, das er auf die Hülle projizierte. Es zeigt fantasievolle und farbenprächtige Figuren sowie lustige Symbole der Lebensfreude und Natur.

Anders als die üblichen Werbemittel, -träger und -medien basiert die Luftwerbung mittels Luftschiffen (und Ballons) vorrangig auf emotionalen Kräften, die das Luftschiff an sich auslöst. Es ist unbestreitbar ein automatischer Hingucker und uneingeschränkter Sympathieträger.

Noch eindrucksvoller kann die Werbebotschaft wirken, wenn sie des Nachts mittels LED-Beleuchtung erstrahlt.

▪ Ob high-tech-Firmen, Fahrzeughersteller oder kulturelle Events – die Hülle der Zeppeline NT ist für sie ein außergewöhnlich lukrativer Markenbotschafter. (Lohse, Th.)

▪ ZeppelinCAT ist Vertriebspartner von Caterpillar, dem weltgrößten amerikanischen Hersteller von Baumaschinen, mit Sitz in Garching bei München, Graf-Zeppelin-Platz 1. (König, R. v.)

▪ Die Zahnradfabrik Friedrichshafen AG (ZF) ist ein weltweit tätiger Automobilzulieferer mit mehr als 150 000 Mitarbeitern.

A. LANGE & SÖHNE
GLASHÜTTE I/SA

■ Werbebotschaft für einen beliebten Radiosender. (Schenkenberger, J.)

■ Werbung für eine Kunstauktion auf der Insel Mainau.

■ Als Markenbotschafter für einen Glashütter Uhrenhersteller über der Dresdner Frauenkirche. (Höhler)

D-LZNT »EUREKA« – im Dienst eines amerikanischen Reiseunternehmens kreuz und quer über die USA und zurück zum Bodensee

(Erstflug 21. Mai 2008)

In Erwartung, dass entweder die DZR wegen der deutlich gestiegenen Nachfrage nach Zeppelin Rundflügen über den Bodensee und ausgewählten Regionen und Städten oder ein anderer in- oder ausländischer Investor bereit ist, einen neuen Zeppelin NT zu erwerben, gibt die ZLT am 23. Januar 2006 die Baufreigabe für den vierten Zeppelin NT bekannt. Möglicherweise hatte auch der im Frühjahr 2005 erfolgte Generationswechsel in der Geschäftsführung der ZLT zu dieser Kehrtwende geführt. Das Unternehmen wird von nun an von Thomas Brandt geführt. (2017 ist an seine Stelle Eckhard Breuer getreten.)

Im Konstruktionsbüro werden nun die Bauunterlagen und die Fahrtenbücher der bisherigen drei Zeppeline NT einer gründlichen Prüfung unterzogen, um Potentiale zu entdecken, die zu einer noch größeren Sicherheit und Bequemlichkeit für die Passagiere und eine bessere Effektivität für das Unternehmen führen können.

Im Ergebnis bringt die gewonnene Gewichtsersparnis eine Erhöhung der Nutzlast um 200 kg. Das wiederum macht die Mitnahme zweier weiterer Passagiere möglich. Die prognostizierte Lebenserwartung der Hülle des Zeppelin NT verdoppelte sich von 12 000 Betriebsstunden auf 25 000. Auch in der Navigationstechnik werden mehrere technische Verbesserungen vorgenommen.

Im März 2007 beginnen die Arbeiten an der Struktur des vierten Luftschiffes. Bereits ein Jahr später können die Antriebseinheiten und Leiteinrichtungen angebracht und die Hülle aufgezogen werden.

▪ Nicht nur diese zwei Zeppelin-Fans verfolgen im Mai 2008 gespannt und voller Hoffnung den Flug des vierten Zeppelin NT mit dem Branding des neuen Eigentümers Airship Ventures Inc., einem amerikanischen Reiseunternehmen. (Lohse, Th.)

Für internationale Schlagzeilen sorgt schon während der Bauarbeiten die Meldung, wonach endlich ein Käufer für den neuen Zeppelin NT gefunden sei. Es handelt sich um den US-amerikanischen Reiseunternehmer »Airship Ventures Inc.« mit dem Firmensitz in Moffett Field, Kalifornien, dem legendären Zentrum des amerikanischen Luftschiffbaus. Unter den Mitarbeitern der ZLT sorgt diese Meldung für eine gewaltige Erleichterung.

Am 9. Mai 2008 kommt es zur Vertragsunterzeichnung zwischen der ZLT und Airship Ventures. Wenige Tage später wird der Tragkörper mit Helium gefüllt.

Der Jungfernflug des vierten Zeppelin NT 07 mit der Seriennummer SN 04 und der Kennzeichnung D-LZNT findet am 21. Mai 2008 statt. Mit an Bord sind auch die Vertreter des neuen Besitzers. Nach 30 Testflugstunden erfolgt die Musterzulassung durch die amerikanische Luftfahrtbehörde (FAA).

Vor der Verschiffung nach Amerika ist das Luftschiff vom 10. Juli bis 21. August auch über London im touristischen- und Werbe-

■ Über dem Zeppelin-Museum in Friedrichshafen schwebt der Zeppelin NT mit Luftwerbung für ein britisches Brauereiunternehmen. In London wird das Luftschiff 40 Tage die Hauptstädter und ihre Gäste begeistern.

■ In England fliegt der Zeppelin NT (deutsche Kennzeichnung D-LZNT) mit Touristen an Bord für ein britisches Brauereiunternehmen. Er ist in einer der beiden riesigen Luftschiffhallen untergebracht, in denen in den 30er Jahren die beiden Riesenzeppeline R 100 und R 101 beheimatet waren. (Schenkenberger, J.)

▪ Gemeinsam warten die beiden Zeppeline NT »BADEN-WÜRTTEMBERG« und das für Amerika bestimmte Luftschiff (im Vordergrund, noch ungetauft) auf den Abflug nach Übersee. Es heißt Abschied nehmen.

einsatz. Die Hülle des Zeppelin NT trägt das Branding der britischen Spitzenbrauerei »STELLA ARTOIS«. Alle Rundflüge wecken – wen überrascht es? – großes Aufsehen auf der Insel.

Für die Verschiffung des Luftschiffes nach Amerika wählen die ZLT und der neue Eigner Airship Ventures die gleiche Methode wie schon die Überführung der »FRIEDRICHSHAFEN« nach Afrika und die »BODENSEE« nach Japan, den Transport mit einem Dockschiff. Am 27. September 2008 beginnt von Hamburg aus die Überfahrt.

Am 14. Oktober 2008 trifft der Zeppelin NT nach einer 15-tägigen Seereise in der texanischen Hafenstadt Beaumont ein, wo er umgehend für den Flug nach San Francisco vorbereitet wird. Sein Hangar wird auf dem Moffett Flugfeld in Sunnyvale/Kalifornien der »Hangar Number One« sein. Er ist immer noch eine der größten freistehenden Hallen der Welt. In ihr wurde vor exakt 75 Jahren der riesige »echte« Zeppelin, ZRS-5 »USS MACON« nach seiner Jungfernfahrt stationiert.

Während des Fluges über mehrere Bundesstaaten sorgt der Zeppelin NT überall für ein gewaltiges Aufsehen.

▪ Ankunft des vierten Zeppelin NT am 20. Oktober 2008 in Beaumont/Texas vor dem Weiterflug nach Ohio/USA.

N704LZ
Airship Ventures

Wie in Deutschland generiert »EUREKA« durch Luftwerbung, hier für ein großes amerikanisches Versicherungsunternehmen, einen Großteil der Unkosten.

In Moffett Field trifft das Luftschiff am 25. Oktober ein.Seine Taufe auf den Namen »EUREKA« erfolgt am 21. November 2008. Die Kennzeichnung lautet nun N-704LZ.

»EUREKA« soll der überraschende Ausruf des großen griechischen Philosophen und Naturwissenschaftlers Archimedes gewesen sein, als er die Gesetzmäßigkeit des nach ihm benannten aerostatischen Auftriebes entdeckte. Dieses Gesetz ermöglicht es Ballonen und Luftschiffen, in der Atmosphäre aufzusteigen und zu schweben.

Wolfgang von Zeppelin, ein entfernter Verwandter des Grafen Zeppelin und einer der Gründerväter den Zeppelin-NT-Projektes, wünschte in seiner Gastrede dem neuen Betreiber und dem Schiff: »Mögen möglichst viele Menschen in den Genuss kommen, die herrlichen Landschaften der USA aus einer einmaligen Perspektive zu erleben.« Dieses Vergnügen werden bis zur Einstellung des Flugbetriebes mehr als 20 000 Passagiere empfinden und teilen.

Das Luftschiff »EUREKA« begeistert in den Folgejahren seine Gäste insbesondere mit luxuriösen Rundflügen vom Flughafen Oakland aus über die Skyline von San Francisco mit der Golden Gate Bridge und der Gefängnisinsel Alcatraz.

Airship Ventures Inc. plant anfangs sogar die Anschaffung eines zweiten Zeppelin NT für Rundflüge an der Ostküste der Vereinigten Staaten und längerfristig ein drittes speziell für Flugshows, Forschungsmissionen und Werbung.

Doch es sollte nicht dazu kommen. Im November 2012 lief der Werbevertrag mit einer der größten amerikanischen Versicherungsgesellschaften, FARMERS INC., aus und wurde nicht wieder verlängert. Zudem stiegen in der Zwischenzeit die Betriebskosten ganz beträchtlich, zum Teil um das Zehnfache. Das wirkte sich unmittelbar auf die Ticketpreise aus, was manchem Touristen die Lust auf einen Flug verdarb.

Insgesamt schwand das Interesse an touristischen Flügen mit dem Zeppelin NT, so

- In Friedrichshafen wird die zum Typ N07-101 umgerüstete »EUREKA« wieder im Lufttourismus eingesetzt.

- Im Mai 2012 ist »EUREKA« in wissenschaftlichem Einsatz. Man suchte nach Resten eines über dem Hochgebirge der Sierra Nevada niedergegangenen Meteoriten. Das Luftschiff trägt schon kein Branding mehr.

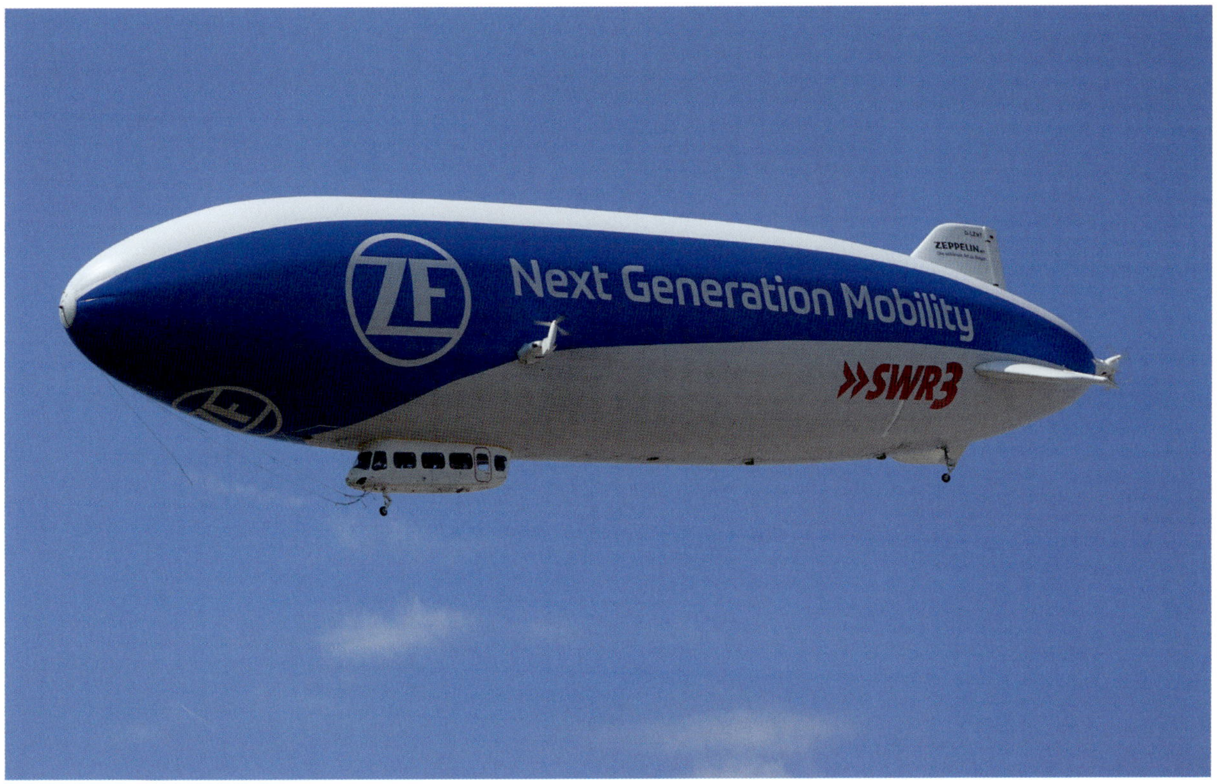

ZEPP
see. think. act.
www.zeppelinflug.de

▪ Zurück in Deutschland bezieht »EUREKA« wieder ihren Werft- und Bergehangar in Friedrichshafen. (Zimmermann, R.)

▪ Das modernste Luftschiff der Welt trifft einen über 100 Jahren alten Veteran, eine Junkers F 13, das erste Ganzmetallflugzeug der zivilen Luftfahrt, Baujahr 1919. (Zimmermann, R.)

see. think. act.

▪ Über Köln begegnen sich am 5. Mai 2018 die »EUREKA« und das Prallluftschiff »THEO« der WDL mit der Kennzeichnung D-LDFR. (WDL)

dass Airship Ventures am 14. November 2012 den Flugbetrieb mit dem Zeppelin NT wegen mangelnder Wirtschaftlichkeit einstellte.

Damit behält das in Friedrichshafen gebaute Luftschiff »EUREKA« bis heute das Prädikat, das erste und einzige kommerziell betriebene Verkehrsluftschiff der USA gewesen zu sein.

In Erinnerung geblieben ist nicht nur der spektakuläre Einsatz des Luftschiffes im Frühjahr 2012 während der Suche nach Meteoritenteilen, die der Feuerball auf einer kilometerlangen Spur durch die Erdatmosphäre hinterließ.

Das Luftschiff »EUREKA« kehrt am 17. März 2014 wieder nach Friedrichshafen zurück.

Hier wird das Luftschiff dringend erwartet, denn für die DZR ist absehbar, dass die Flugstunden der seit elf Jahren im Dauereinsatz fliegenden »BADEN-WÜRTTEMBERG« gezählt sind. Die »BODENSEE« ist zwar neu aufgebaut und auf den Stand der Technik gebracht, könnte aber als einziges verbliebenes Luftschiff den riesigen Bedarf an Flugreisen mit dem Zeppelin NT weder am Bodensee noch sonst wo in Deutschland bei Weitem nicht mehr bedienen.

Die »EUREKA« wird unverzüglich entsprechend der neuen Typklasse Zeppelin NT N07-101 auf den neuesten technischen Stand gebracht.

Zu dieser neuen Klasse gehören auch die drei Goodyear-Zeppeline NT, 2014, 2016 und 2018 an den amerikanischen Reifenhersteller ausgeliefert werden. Diese Luftschiffe unterscheiden sich von denen der Vorläufer-Klasse N07-100 nicht nur in einigen technischen und umweltfreundlicheren Parametern.

Für den touristischen Betrieb würde sich dank des verlängerten Kabinenbodens zwei zusätzliche Sitzplätze, eine kleine Bordküche, eine Klimaanlage und weitere Verbesserungen ergeben. Doch Goodyear kauft die drei Zeppeline NT nicht, um touristische Reisen zu vertreiben, sondern um Luftwerbung in eigener Sache zu praktizieren.

Für Sondermissionen stehen zusätzlich zwei 700-Liter Kraftstofftanks zur Verfügung. Damit kann der Zeppelin NT seine Reichweite ohne Nachtanken auf bis zu 2500 km ausdehnen, was besonders bei polizeilichen Überwachungsflügen und wissenschaftlichen Forschungen sehr effizient sein kann.

Die neuen Zeppeline NT N07-101 verfügen außerdem über deutlich bessere Möglichkeiten der Luftwerbung. Hierfür sorgt ein völlig neuartiges LED-System, das auch nachts äußerst reizvolle Werbemöglichkeiten bietet.

Die drei Goodyear-Zeppeline NT – erfolgreiche Werbeträger in den USA

(Erstflüge 2014, 2016 und 2018)

Erst als sich einer der Weltmarktführer für Reifen, die Goodyear Tire & Rubber Company, Akron, Ohio Anfang 2011 entschließt, statt der selbstgebauten Blimps künftig den halbstarren Zeppelin NT für seine Werbeflüge in eigener Sache einzusetzen, kommt wieder Fahrt in das Zeppelin-Projekt, erhält die LZT über Jahre hinweg eine Perspektive und bahnt sich am Horizont der Aufbruch in die Zukunft der touristischen Luftschifffahrt an.

Die eigene, technisch längst verschlissene Luftschiffflotte von Goodyear bestand ausschließlich aus Prallluftschiffen, sogenannten Blimps.

Der Prototyp dieser Goodyear-Luftschiffe, der B 1, erhob sich bereits im Jahr 1917 über die Häuser von Chicago. Der erste registrierte Goodyear-Blimp, »PILGRIM«, absolvierte seine erste Werbefahrt exakt vor einem Jahrhundert, am 4. April 1925.

Aus diesem Anlass präsentierte Goodyear 100 Jahre später, Anfang Juni 2025, eine fulminante Flugshow, zu der alle drei Goodyear-Zeppeline NT aus Kalifornien, Florida und Ohio anflogen. Ihrem ältesten, »WINGFOOT One« (Bj. 2014) verpassten die Veranstalter ein besonderes Branding, indem er im Retro-Stil der 20er Jahre am Himmel erschien.

▪ Firmenlogo der Goodyear Tire & Rubber Company in Akron/Ohio, dem Partner des Friedrichshafener Zeppelin Luftschifftechnik GmbH & Co. KG.

▪ Zur Freude Zehntausender Zuschauer sind zur Feier anlässlich des 100. Geburtstages des Goodyear-Blimps am 8. Juni 2025 alle drei Goodyear-Zeppeline NT nach Akron gereist. (Schenkenberger, J.)

GOODYEAR
GOODYEAR

■ Aus Anlass des 100-jährigen Jubiläums des Jungfernfluges eines Goodyear-Blimps erhielt der Zeppelin NT »WINGFOOT ONE« einen Retro-Look. (Schenkenberger, J.)

■ Der 5740 m³-Goodyear-Blimp »EUROPA« war in den 70er und 80er Jahren des vergangenen Jahrhundert oft zu Gast bei zahlreichen internationalen Sportveranstaltungen und kulturellen Events in Europa. Er konnte allerdings nur begrenzt touristisch vermarktet werden, weil nur maximal 6 Personen mitfahren konnten.

Während des Weltkrieges dienen die zahlreichen Goodyear-Blimps insbesondere der Fernaufklärung für die US-Navy. Legendär geworden ist ihr massenhafter Einsatz während des historischen D-Day am 6. Juni 1944, an dem die zweite Hauptfront gegen Hitler-Deutschland in der Normandie eröffnet wurde.

Nach Kriegsende werden die Goodyear-Blimps vorwiegend wieder für nichtmilitärische Zwecke gebaut, insbesondere für Luftwerbung; für touristische Zwecke nur in Ausnahmefällen. Sie finden aber rasch neue kommerzielle Einsatzgebiete auch außerhalb der Werbung für Autoreifen.

1955 wird erstmals eine Antennenplattform an den Blimp montiert, um landesweit Fernsehbilder zu übertragen. Allerdings zunächst mit mäßigem Erfolg.

Dieser stellt sich nur wenige Jahre später ein. 1967 überträgt der Blimp »COLOMBIA« den ersten Super Bowl aus Los Angeles. Aus

- Postkarte anlässlich des Jungfernfluges des ersten Goodyear Zeppelin NT am17. März 2014.

(Krug, A.)

- Ausschiffen des »WINGFOOT ONE« aus der Akroner Luftschiffhalle.

(Schenkenberger, J.)

■ »Glück ab und gut Land!, Wingfoot One!«.
(Schenkenberger, J.).

dem Goodyear-Blimp »EUROPE« berichten die Reporter live zum ersten Mal vom Rennen in Le Mans.

1989 hilft die »EUROPE« mit im Katastropheneinsatz nach dem verheerenden Erdbeben in San Francisco. 1984 übertragen zwei Goodyear-Blimps von den Olympischen Spielen in Los Angeles.

In Europa begeistert der Goodyear-Blimp im Juli 1972 von Cardington aus zuerst die Briten. Danach ist er über 14 Jahre lang mit seiner Markenbotschaft während zahlreicher nationaler und internationaler Sportveranstaltungen sowie kultureller Events in England, Deutschland, Italien und Frankreich als Gast und oftmals als Berichterstatter in Ton und Bild live dabei.

Offensichtlich haben seit 2008 die vielen spektakulären Flüge des halbstarren Zeppelins SN 04 »EUREKA« in den USA die Marketing-Abteilung von Goodyear überzeugen können, solche attraktiven Luftschiffe statt der veralteten Blimps künftig für Selbstwerbezwecke einzusetzen.

Zu diesem Zeitpunkt verfügt Goodyear an drei Standorten über die Blimps »SPIRIT OF INNOVATION« im Pomano Beach Airpark in Florida, »SPIRIT OF AMERICA« am Goodyear Blimp Base Airport in Carson, California und »SPIRIT OF GOODYEAR« am Sitz des Unternehmens in Akron, Ohio am Wingfoot Lake Airship in Suffield, wo sich auch die Goodyear-Luftschiffwerft befindet.

Von diesen drei Basen aus starten auch heute noch die drei modernen Goodyear-Zeppeline N1A, N2A und N3A zu ihren Rund- und Zielflügen sowie Einsatzorten in ganz Amerika.

Der Vergleich zwischen den ausgedienten Pralluftschiffen von Goodyear und den innovativen halbstarren Zeppelinen NT aus Friedrichshafen spricht eindeutig für die Zeppeline NT. Ihre Schiffskörper sind 16 Meter länger, und das Traggasvolumen ist fast 40 % größer. Sie sind deutlich schlanker und haben dank ihres günstigeren Verhältnis von Schiffslänge: maximalem Durchmesser eine ästhetischere Form, was sie charismatisch, interessant und schneidig erscheinen lässt – Adjektive, die in der Werbebranche maßgebend sind. Auch das gelb-blaue Design des Brandings auf Hülle und Gondel ist beim Goodyear-Zeppelin eleganter und ansprechender. Die neuen Zeppeline NT N07-101 verfügen über deutlich bessere Möglichkeiten der Luftwerbung als ihre Vorgänger und erst recht gegenüber den alten Blimps. Hierfür sorgt vor allem ein völlig neuartiges LED-System, das auch nachts äußerst reizvolle Werbemöglichkeiten bietet.

■ Erster Rundflug des neuen Zeppelin NT 07-101.
(Schenkenberger, J.)

GOODYEAR

▪ Der noch ungetaufte erste Goodyear Zeppelin mit der deutschen Kennzeichnung D-LZGY fliegt am 27. Juni 2014 eine Ehrenrunde über dem Hauptgebäude des Goodyear-Konzerns in Akron/Ohio. (Schenkenberger, J.)

▪ Dem Piloten öffnet sich dank der großzügigen Verglasung ein weiter Blickwinkel voraus und nach den Seiten. In der Bildmitte der legendäre »Goodyear Airdock«. (Schenkenberger, J.)

Entscheidend für den Entschluss des amerikanischen Reifenherstellers Goodyear, deutsche Zeppeline NT des Typs LZ NT 07-101 zu erwerben, dürfte auch die Bereitschaft der Bundesregierung gewesen sein, die ZLT Friedrichshafen durch eine Hermesbürgschaft gegen unverschuldete Risiken und Ausfälle abzusichern.

Als Stückpreis für einen neuen Zeppelin des Typs LZ NT 07-101 werden 14,5 Millionen Euro angegeben.

Die ZLT übernimmt die komplette ingenieurtechnische Entwicklung. Alle größeren, kompakten Luftschiffkomponenten werden in der Friedrichshafener Werfthalle produziert oder zusammengebaut, in Container verpackt und zum Goodyear-Luftschiffhangar am Wingfoot Lake in Suffield, Ohio geschickt. Damit verbleibt der Großteil der Wertschöpfung in Friedrichshafen. Auch die Ausbildung der Piloten obliegt der Zeppelin-Reederei.

In Suffield, Ohio übernehmen die Amerikaner unter Leitung der ZLT die Endmontage bis zum einsatzbereiten Zeppelin NT N07-101.

Der erste Goodyear-Zeppelin absolviert am 17. März 2014 seinen Jungfernflug noch mit deutscher Kennung D-LZGY in Suffield, Ohio. Seine Taufe findet nach vielen erfolgreichen Testflügen am 23. August 2014 statt. Patin war die bekannte Journalistin Robin Roberts (geb. 1960). Standesgemäß erhält

Ballonet FWD
D-LZGY

GOODYEAR

▪ »Völlig losgelöst von der Erde – fliegt der Zeppelin…« (Schenkenberger, J.)

▪ (Linke Seite) Nach bestandenem Rundflug setzt der Goodyear-Zeppelin zur Landung an. Noch fliegt er mit deutscher Kennung D-LZGY. (Schenkenberger, J.)

▪ »WINGFOOT ONE« ist glücklich gelandet. (Schenkenberger, J.)

- »WINGFOOT TWO«, Kennzeichnung N2A, stationiert in Kalifornien.

- Am 30.August 2018 wird der vorerst letzte Goodyear-Zeppelin NT im Beisein des CEO der Goodyear Tire & Rubber Company Richard J. Kramer durch die populäre Abenteuer-Pilotin Shaestra Waiz auf den Namen »WINGFOOT THREE« getauft. (Schenkenberger, J.)

er den Namen »WINGFOOT«, das Markenzeichen von Goodyear. Der »Flügelschuh« ist eines der ältesten (1900) und bekanntesten US-Firmenlogos. Es versinnbildlicht den Götterboten Hermes, der in der griechischen Mythologie der Schutzpatron für den Verkehr und die Reisenden ist. Dank seiner geflügelten Schuhe soll er schneller unterwegs gewesen sein als das Licht.

Das Kennzeichen des »Wingfoot One« ist N1A.

Im Abstand zweier Jahre, so lange benötigt der Bau eines Goodyear-Zeppelins, steigen die Schwesterschiffe »Wingfoot Two« am 12. März 2016 und »Wingfoot Three« am 25. Juni 2018 zum ersten Mal auf. Nachdem sie jeweils mehr als 30 Testflüge absolviert haben, wird ihnen die Betriebserlaubnis der US-Luftfahrtbehörde erteilt.

Auch diese beiden Goodyear-Zeppeline werden von Frauen der amerikanischen Öffentlichkeit getauft, »WINGFOOT TWO« am 21. Oktober 2016 von Savannah James (geb. 1986), die für ihr soziales Engagement verehrt wurde, und »WINGFOOT THREE« am 30. August 2018 von Shaestra Waiz, der jüngsten Frau, die mit einem einmotorigen Flugzeug allein um die Welt flog. Ihre Botschaft lautete: »Der Goodyear-Blimp (Zeppelin NT – M.B.) verkörpert die Freiheit des Fliegens, die mich inspiriert hat, meinen Traum vom Fliegen um die Welt zu verwirklichen, und ermutigt die Jugend, sich mit ihren Träumen in die Höhe zu schwingen.«

Die drei Goodyear-Zeppeline sind heute in den Hangars der ausgedienten Goodyear Blimps stationiert, »WINGFOOT ONE« in Wingfoot Lake im Nordosten Ohios (Mogadore), »WINGFOOT TWO« in Pompano Beach, Florida und »WINGFOOT THREE« in Carson, Kalifornien.

Entsprechend ihres PR-Auftrages sind sie schon bald auf fast allen sportlichen und kulturellen Events in ganz Amerika unterwegs. Ob bei Baseball-, Basketball-, Eishockey- oder Footballfinals oder während internationaler Golfturniere – ein Goodyear-Zeppelin ist bei allen Events dabei. Selbstverständlich begleitet er auch Autorennen wie das 500 Meilen-Rennen von Dayton. Millionen Menschen verfolgen fasziniert die eleganten Flüge während der Oscar-Verleihungen oder der Rose-Paraden. Oder sie nehmen dank einer Live-Übertragung weltweit am Bildschirm teil an außergewöhnlichen Sport- und Kulturereignissen in den USA.

Passagierflüge sind mit den amerikanischen Goodyear-Zeppelin nicht vorgesehen. Wer dennoch mitfliegen will, benötigt eine persönliche Einladung von Goodyear oder kann dies im Rahmen einer Wohltätigkeitsauktion erwerben.

■ »WINGFOOT THREE«, Kennzeichnung N3A, stationiert in Ohio.

■ Im Fluge vereint. (Schenkenberger, J.)

■ Formationsflug anlässlich des 100. Geburtstages des Goodyear Blimps. (Schenkenberger, J.)

D-LZBW – der Neue – »Glück ab und gut Land«!

(Erstflug 28. April 2025)

Start zum Jungfernflug des neuesten Zeppelin NT (Seriennummer 09) mit der Kennzeichnung D-LZBW und dem lustigen Branding »50 Jahre Europa Park« samt Maskottchen »Ed Euromaus« am 28. April 2025 über Friedrichshafen. (Augustin, D.)

2019 musste das erfolgreichste Luftschiff aller Zeiten, die »BADEN-WÜRTTEMBERG« (D-LZZF) nach sechzehn Jahren ununterbrochenem touristischen Einsatz außer Dienst gestellt und abgewrackt werden. Trotz vieler Reparaturen, Sanierungen und Modernisierungen – ihre Zeit war abgelaufen.

Ihr Ausscheiden reißt in den touristischen Lufttourismus am Bodensee eine spürbare Angebotslücke, zumal die Ticketnachfrage weiter ungebremst boomt.

Die beiden verbliebenen Schwesterschiffe, die »BODENSEE« (später »HUGO ECKENER«) und die »EUREKA« sind nicht länger in der Lage, dem Touristenansturm angemessen zu begegnen, zumal inzwischen neben dem traditionellen Hauptstandort in Friedrichshafen der neue in Mühlheim/Essen immer gefragter wird.

Besonders enttäuschend für viele Touristen ist es, wenn sie erfahren müssen, dass eines der beiden Luftschiffe gerade wieder einmal in einer anderen Stadt, Region oder im Ausland gechartert wurde oder wenn es für wissenschaftliche Forschungen, Sport- und Veranstaltungsevents oder in hoheitlichem Auftrag angefordert und vermietet wurde.

Dass zudem so mancher Flug aus Witterungsgründen kurzfristig gecancelt werden muss, akzeptieren sie, wenn auch widerstrebend, zumal, wenn sie eigens wegen eines Fluges eine weite Anreise hatten. Doch: Sicherheit geht nun einmal vor.

Um dieses Marktungleichgewicht wieder herzustellen, entschließt sich die DZR, einen neuen Zeppelin NT bei der ZLT zu erwerben. Der Kaufpreis soll bei rund 16 Millionen Euro liegen.

Knapp vier Jahre sind vergangen, seit die Werft ihren letzten Zeppelin NT vom Stapel laufen ließ. Inzwischen haben sich nicht nur die technischen Möglichkeiten verändert, sondern auch die Preise dafür. Die ZLT schließt mit mehr als einhundert Zulieferern Verträge ab und schafft es, den Bau in drei Jahren zu bewältigen. Das Ergebnis kann sich sehen lassen: Dem neuen Zeppelin NT werden 25 Jahre Einsatzzeit zugebilligt.

Ostern 2025 ist es endlich so weit. Der achte Zeppelin NT mit der Seriennummer 009 (005 wurde nie vergeben) wird, gefesselt am Ankermast, behutsam aus der Werfthalle geführt und wieder zurückgeleitet. Das Aus- und Einschiffen muss schließlich absolut störungsfrei erfolgen. Erst danach lässt man den Zeppelin »frei« in der Nähe des Ankermastes starten und landen.

■ Respektvoll begleitet die »EUREKA« ihr neues Schwesterschiff während deren Jungfernflug über Friedrichshafen. (Augustin, D.)

EUROPA PARK
ERLEBNIS-RESORT

▪ Erster Schleifenflug des Zeppelin NT über dem Bodensee. (Welge, D.)

Der offizielle Jungfernflug findet am 28. April 2025 statt.

Unter großem Medienrummel und starkem Zuschauerandrang steigen der Geschäftsführer der DZR, Herr Eckehard Breuer, und der Inhaber des Europark Rust, Roland Mack, gemeinsam mit mehreren Pressevertretern in die Gondel des nagelneuen Luftschiffes. Auf dem Branding der Hülle des Zeppelin NT grüßt uns »Ed Euromaus« ganz liebevoll und lädt uns zu einem Besuch des Europa-Parks in Rust ein. Der Park feiert in diesem Jahr sein 50-jähriges Betriebsjubiläum. Aus diesem Anlass ist das Luftschiff für mehrere Tage Gast im Vergnügungspark.

Es ist nicht das erste Mal, dass das Branding des Europaparkes Rust die Hülle eines Zeppelin NT ziert. Vor Jahren hatte bereits die »BODENSEE« mit diesem Branding für einen Besuch des europaweit größten Freizeitparkes mit jährlich mehr als fünf Millionen Gästen geworben.

▪ Glückliche Heimkehr des neuen Zeppelin NT nach erfolgreichem Erstflug. (Welge, D.)

EUROPA PARK

▪ Der neue Zeppelin NT auf Erkundungsflug rund um Friedrichshafen. (Plessing, G.)

Bei seinem Jungfernflug über Friedrichshafen und den Bodensee wird der Neuling von seinem Schwesterschiff »EUREKA« in respektvollem Abstand im Paarflug begleitet.

Währenddessen nimmt die »HUGO ECKENER« in Mühlheim/Ruhr die nächsten Besuchergruppen auf. Von hier aus geht es zu Rundflügen nach »Essen/City«, »Zeche Zollverein«, »Ruhrort/Gasometer«, »Auf Schalke«, »Medienhafen« und weiteren.

Künftig sollen die drei Zeppeline NT »BODENSEE« und »EUREKA« in Friedrichshafen und »HUGO ECKENER« in Mühlheim/Ruhr dauerhaft stationiert sein. Von dort aus werden sie sowohl Rundflüge als auch Zielflüge nach den großen Metropolen in Deutschland, aber auch ins Ausland unternehmen.

Neben touristischen Flügen wird der Neue in bewährter Tradition auch für Sondermissionen zum Einsatz kommen und selbstverständlich mit seinen Brandings Werbeeinnahmen generieren.

▪ Der noch ungetaufte Zeppelin mit der Seriennummer 009 während seines ersten Fernfluges zum Europaparks Rust im Juli 2025. (Schenkenberger, J.)

Der Zeppelin NT – ein fliegendes High-Tech-Labor

Die erste nur wissenschaftlichen Zwecken dienende Luftfahrt unternahm der amerikanische Arzt und Luftfahrtpionier John Jeffries schon ein Jahr nach dem Aufstieg der ersten Montgolfiere am 30. November 1784. Es war reine wissenschaftliche Neugier, die ihn zu diesem halsbrecherischen Abenteuer in London veranlasste. Auf Bitten des britischen Naturwissenschaftlers Henry Cavendish, dem Entdecker des Wasserstoffgases, nahm er mehrere mit Wasser gefüllte Flaschen mit an Bord, die er in unterschiedlichen Höhen entleerte, darin Luftproben aus diesen Höhen einfing und mit zur Erde zurückbrachte, wo sie analysiert wurden. Zu Jeffries' Ausstattung gehörten auch einfache wissenschaftliche Messgeräte wie Thermometer, Hygrometer, Elektrometer und Kompass.

Die bahnbrechendste wissenschaftliche Leistung zur Erforschung der Lufthülle vollbrachte der französische Chemiker und Physiker Joseph Gay-Lussac, als er während mehrerer Ballonfahrten in Charlièren im Jahr 1805 die nach ihm benannten Gasgesetze (Zusammenhang zwischen Temperatur, Volumen und Druck idealer Gase) entdeckte und wertvolle Ergebnisse über die magnetischen Kräfte der Erde in Höhen bis zu 3000 m sammelte.

Heute wissen wir, dass die Lufthülle nicht nur für Wissenschaftler ein unerschöpfliches Feld der Grundlagenforschung ist, sondern unmittelbaren Einfluss auf die Biosphäre und damit auf den Lebensraum aller Lebewesen und die Ökosysteme der Erde hat.

Unbestritten hat sich die chemische Luftzusammensetzung seit der Industrialisierung im 19. Jahrhundert deutlich verändert. Das betrifft vor allem die untere Troposphäre, also jene Schicht der Atmosphäre, die direkt über der Erdoberfläche liegt und bis in eine Höhe von 2 km reicht. In dieser bodennahen planetarischen Grenzschicht ist der größte Teil der Luft, des Sauerstoffs und die höchste Luftfeuchtigkeit konzentriert. Hier

▪ Alle deutschen Zeppeline NT sind von Anfang an in wissenschaftliche Projekte involviert. Für das EU-weite Forschungsprojekt PEGASOS wurde auf dem Rücken des Luftschiffes eigens eine Messstation montiert. Unmittelbar unter dem Cockpit befinden sich der rot-weiß gestreifte Antennenmast und die Hochleistungsmess- und fotografischen Geräte. (FZ Jülich)

entsteht das Wetter und können sich regionale Klimaveränderungen vollziehen.

Deshalb ist es wichtig, jene physikalischen und chemischen Prozesse zu kennen, die die chemische Zusammensetzung der Luft wesentlich beeinflussen. Sie entstehen nach Freisetzungen natürlicher Verursacher, aber auch menschengemachter durch Verkehr, Industrie, Landwirtschaft, Haushalte, Freizeit und andere. Und nicht zuletzt der Sonne. Letzten Endes hängen von diesen komplexen Vernetzungen die Gesundheit der Menschen und das Überleben der Ökosysteme ab.

Die Erfassung dieser Prozesse ist eine Grundvoraussetzung dafür, geeignete Strategien zu entwickeln, um einer Verschlechterung der Lebensbedingungen entgegen zu wirken und sie mittelfristig zu verbessern.

In Deutschland ist es neben anderen Forschungseinrichtungen besonders das Jülicher Forschungszentrum mit dem Institut für Energie und Klimaforschung, das sich dieser Aufgabe verschrieben hat. Schnell stießen die Jülicher Wissenschaftler bei der Suche nach einem geeigneten mobilen Luft-

■ Auf dem Gondelfußboden sind im Zeppelin NT Schienen fest installiert. An diese werden wechselweise die Sitze für die Passagiere oder Geräteracks montiert. Für wissenschaftliche Missionen sind mehr als 1 t Gewicht für die Instrumente zugelassen. (ZLT)

Die Messgeräte unterhalb der Gondel erfassen die Konzentrationswerte für Ozon, Stickstoff- und Kohlenstoffoxyde, salpetrige Säure, Formaldehyd und Aerosole, die allesamt als Luftschadstoffe gelten. Hier können auch Hochleistungs- und Multispektralkameras angebracht werden.

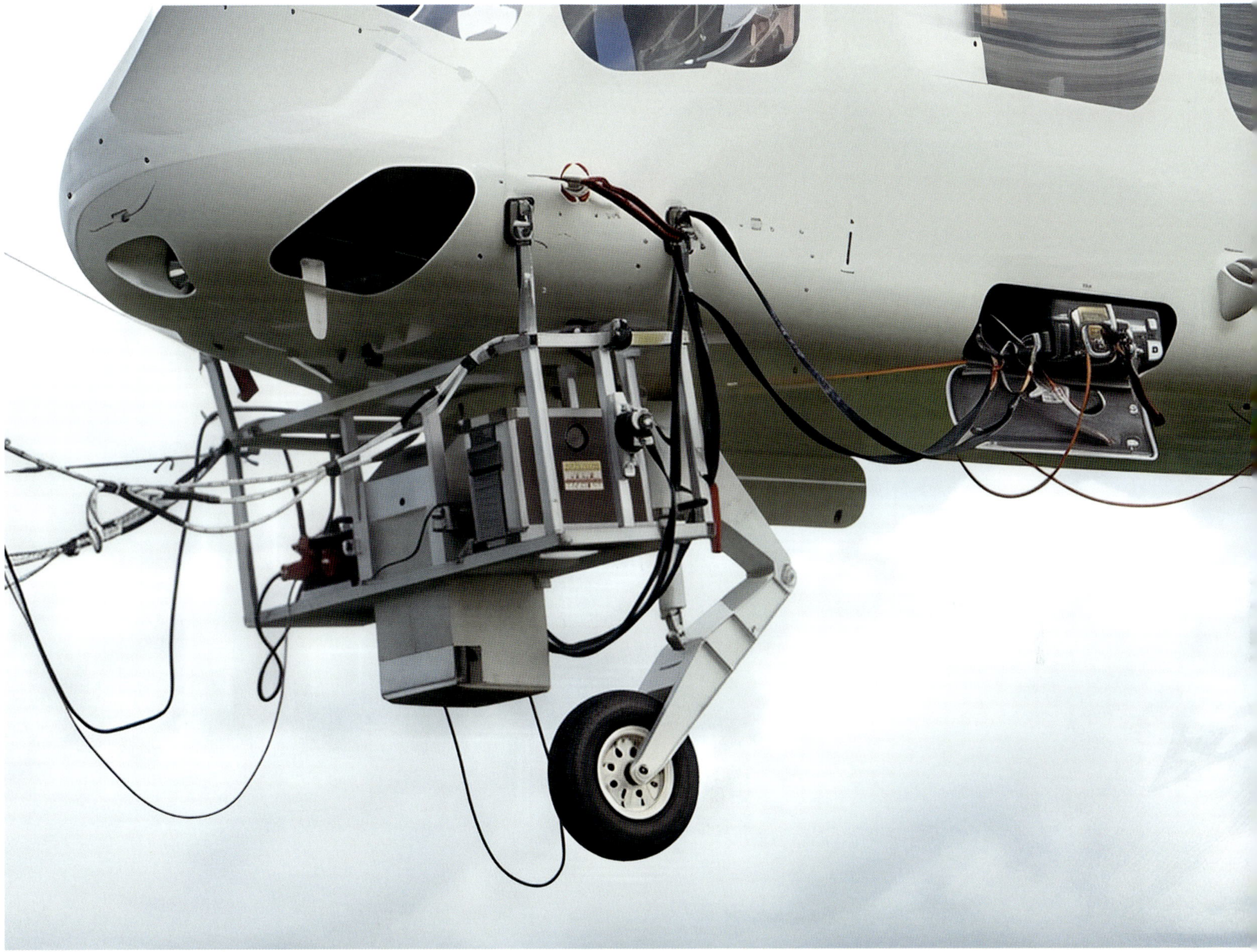

fahrzeug auf den Zeppelin NT mit seinen einzigartigen Flugeigenschaften.

Keines der anderen gängigen Luftfahrzeuge wie Ballon, Flugzeug, Hubschrauber und Drohne ist für ihre wissenschaftlichen Einsätze so geeignet wie der Zeppelin NT. Nur er vereint maximale Einsatzzeit (20 Stunden), große Reichweite (900 km), flexible Flughöhe zwischen 20 und 3000 m, hohe Traglast (rund 1,5 t), problemloses Auf- und Absteigen, kaum Verwirbelungen durch Propeller und Rotoren, unkompliziertes Anbringen von Messinstrumenten und hochauflösenden Spezialkameras außer Bord und vor allem ein extremer Langsamflug bis hin zum Stillstand an jedem beliebigen Ort und das dadurch mögliche Mitschwimmen im Luftmeer. Bei jedem Einsatz sind die Wissenschaftler selbst an Bord und können vor Ort arbeiten sowie bei Bedarf in das vorgesehene Flugprogramm eingreifen.

Mit maßgeblicher finanzieller Unterstützung durch das Bundesministerium für Bildung und Forschung kam es 2006 zu einer engen Kooperation zwischen der Zeppelin-Luftschiff-Technik Friedrichshafen und

PEGAS
JÜLICH

▪ Die erste Etappe des PEGASOS-Projektes startete am 10. Mai 2012 und hatte als Ziel die Niederlande. (FZ Jülich)

dem Forschungszentrum Jülich, die bis heute nicht nur anhält, sondern mehr denn je in die Zukunft gerichtet ist.

Damals wurde die »BADEN-WÜRTTEMBERG« als fliegendes Labor im Rahmen des ZEPTER-Projektes vorbereitet und ab 2007 eingesetzt. Das Luftschiff erhielt drei fest installierte externe Messpunkte: Auf dem Luftschiffrücken am dortigen Längsträger die Topplattform, am Bug der Gondel den Antennenmast und unterhalb des Buges eine besondere Vorrichtung für die Anbringung weiterer Messgeräte oder hochauflösender Kameras. In der Gondel war der Großteil der etwa 1 t schweren Messinstrumente, Kontrollgeräte und der Rechentechnik untergebracht.

Erstmals gelang es den Beteiligten des ZEPTER-Projektes während eines zehntägigen Forschungsfluges über Süddeutschland die vertikale Verteilung von Hydroxylradikalen und rätselhaften Spurengasen in Höhen bis zu 1000 Metern zu erfassen und daraus neuartige Modelle abzuleiten.

Um die Messungen aus den zurückliegenden Jahren fortzusetzen und nun auch die Entstehungsprozesse der Hydroxyl-Radikale und ihre Reaktionen in der Troposphäre besser verstehen zu können, koordinierte das Forschungszentrum Jülich 2012 und 2013 den bisher umfangreichsten wissenschaftlichen Einsatz eines Zeppelin NT im Rahmen des EU-Forschungsprojektes PEGASOS (Pan-European-Gas-AeroSOl-Climate Interaction Study). Insgesamt beteiligten sich 26 Institutionen aus 14 europäischen Ländern und Israel an dem insgesamt zwanzig Wochen dauernden Forschungsflugprogramm. Es ist die bis dahin umfangreichste Luftqualitäts-Messkampagne weltweit.

Hydroxylradikale (OH) sind Moleküle, die aus je einem Wasserstoff- und Sauerstoffatom bestehen. Sie bauen nicht nur verschiedene Luftverunreinigungen und Kohlenstoffverbindungen ab, wobei sogar neue freie OH-Radikale entstehen, sondern sie können mittels komplexer chemischer Prozesse die Luft reinigen. Deshalb gelten die Radikale als »Waschmittel der Atmosphäre«. Sie sind in der Lage, die zunehmende Luftverschmutzung und die fortschreitende Erderwärmung abzubremsen. Aber es ist bekannt, dass sie auf Grund ihrer Radikalität für den Menschen gesundheitsschädigend sein können.

Im Rahmen des PEGASOS-Programms überfliegt der inzwischen aus Japan zurückgekehrte und neu aufgebaute Zeppelin NT »BODENSEE« große Territorien in den Niederlanden, Norditalien und Finnland. Dabei wird er stark besiedelte Industriegebiete und Großstädte ebenso ansteuern wie die zivilisationsarme Alpen- und die Adriaregion sowie nahezu menschenleere ausgedehnte Laub-, Misch- und Nadelwaldgebiete im hohen Norden.

Die Routen orientieren sich vornehmlich an bereits vorhandenen Bodenmessstati-

▪ Zu Beginn der ersten Corona-Welle im April 2020 fliegt der Zeppelin NT für das Forschungszentrum Jülich entlang des Rheins und misst die Auswirkungen des Lockdowns auf die Luftqualität über urbanen, dünn besiedelten und Industriegebieten. (FZ Jülich)

onen in den betroffenen Regionen, um zusammen mit ihnen belastbare Schlussfolgerungen zu treffen.

Startort des PEGASOS-Projektes ist Rotterdam im riesigen Rhein-Maas-Delta.

Die Westroute führt bis Cabauw in der Provinz Utrecht. Der zum Forschungsschiff umgewandelte Zeppelin NT verlässt am 17. März 2012 die Hafenstadt und beginnt mit der Datensammlung.

Die Südroute beginnt am 11. Juni und hat als Ziel Bologna. Der Zeppelin NT fliegt östlich von den Alpen bis zur Poebene und die Adria-Küste. Dort ist er fünf Monate lang stationiert.

Die Nordroute der Pegasus-Mission startet am 15. April 2013 und führt über die Insel Fehmarn über Dänemark, die Ostsee und Schweden in den Südwesten Finnlands. Hier dauern die Forschungsarbeiten elf Wochen.

Im Jahr darauf, im Mai 2014, greift das Deutsche GeoForschungsZentrum (GFZ) in Potsdam frühere Messkampagnen mit dem Zeppelin NT von 2010 und 2012 zu Seespiegelmessungen auf dem Bodensee auf. Dabei dient das Luftschiff als Mittler zwischen der vom See reflektierten Signale des Global Navigation Satellit System (GNSS) und den Satelliten. Der neue Signal-Empfänger mit dem Namen Open BiStro erfasst Höhen-Anomalien der Seeoberfläche mit einer Messauflösung im Zentimeterbereich. Die entwickelte Messmethode wird so weiterentwickelt, dass sie weltraumbasierte Messungen, z. B. von der Weltraumstation ISS aus ermöglicht.

Die Datenauswertung wird auch auf das Global Positioning System (GPS) angewendet, um weltweit eine exakte Positionierung durchzuführen.

Parallel zu den zeppelingestützten Messwerten finden auf dem See Messungen von einem Forschungsschiff aus statt, die unter der Federführung der ETH Zürich stehen. Durch Kombination der beiden Messkampagnen ergibt sich eine wertvolle Möglichkeit zur Validierung der gewonnenen Seespiegelhöhen.

Am 27. Januar 2020 erreichte das Corona-Virus Deutschland. Der erste Corona-Lockdown trat am 22. März 2020 in Kraft. Er legte das öffentliche Leben, aber auch die Wirtschaft, den Tourismus und den Individualverkehr in weiten Bereichen fast lahm. In dieser Situation stellten sich die Wissenschaftler des Jülicher Instituts für Troposphäre die Frage: Wie wirkt sich der Shutdown als Folge der Corona-Pandemie auf die Luftqualität im Rheinland aus? Um diese Frage zu beantworten, mietete sich das Forschungszentrum Anfang Mai das »fliegende Labor« aus Friedrichshafen. Vom Flughafen Bonn-Hangelar aus startete der Zeppelin NT mit mehreren Flügen auf verschiedenen Routen zu den Ballungszentren Köln und Düsseldorf, aber auch über die Eifel.

Gemessen wurden die Konzentrationen von Kohlenmonoxid, Stickoxid, Ozon sowie Spurengasen und Feinstäube.

Die Jülicher Forscher bezogen bei ihrem Vorhaben die bodengebundenen Messungen der Stationen vom Landesamt für Natur, Umwelt und Verbraucherschutz und die eigenen Stationen sowie ein mobiles Messfahrzeug mit ein.

Die Einsatzmöglichkeiten der Zeppeline NT für die Wissenschaft sind vielfältig. Sie können Geophysiker beim Aufspüren von Bodenschätzen ebenso unterstützen wie Archäologen, Umweltschützer, Ozeanografen, Polarforscher und Kartografen sowie andere in ihren jeweiligen Forschungsprojekten. Insgesamt erwirtschaftet die DZR rund 15 % ihrer Einnahmen im Dienst der Wissenschaft.

Für Sondermissionen fliegen die Zeppeline NT auch in hoheitlichem Auftrag zwecks besonderen Veranstaltungs- und Verkehrsüberwachungaufgaben.

Mitte Juli 2013 wird ein Zeppelin NT für ein weiteres EU-weites Gemeinschaftsprojekt mit dem Kürzel 12 C gemietet. Ziel dieses Projektes ist es, ein Überwachungssystem für den Küsten- und Grenzschutz im Mittelmeerraum zu schaffen. Hierfür kamen ein spezieller Überwachungsradar und hochauflösende Kamerasysteme zum Einsatz.

Im Januar 2011 charterte das französische Staatsamt für Strahlenschutz für eine Woche einen Zeppelin NT, um die Region um Paris nach Unregelmäßigkeiten der natürlichen Gammastrahlung zu untersuchen. Das Luftschiff scannte nach einem vorher festgelegten Raster das Gebiet in einer Höhe von 150 m und kam zu überraschenden Ergebnissen.

Während des Weltjugendtages 2005 in Köln und der Fußballweltmeisterschaft 2006 übernahmen Polizeibehörden Kontrollaufgaben bei der Verkehrsüberwachung vom Zeppelin aus.

Sogar Trauungen sind an Bord des Zeppelin NT möglich. Allerdings nur, wenn der standesamtliche Akt in der am Boden verankerten Gondel stattfindet.

»Only the walk on the moon was nicer.«

Impressionen eines Bodenseerundfluges im Zeppelin NT

David Scott, der als Kommandant der legendären Apollo-Mondlandemission am 31. Juli 1971 als siebter Mensch den Mond betreten hatte, schwärmte nach einem Flug mit dem Zeppelin NT: »Only the walk on the moon was nicer.«

Dem ist nichts hinzuzufügen.

Eine Luftreise über den Bodensee und sein Umland gehört wohl mit zu den schönsten Flügen, die man sich überhaupt vorstellen kann. Die Einheit zwischen der Natur mit den herrlichen schneebedeckten Alpengipfeln der Säntisgruppe, das Blau des tiefen Sees samt den weißen Segeln der Boote oder der glitzernde Gischt hinter den vielen historischen und modernen Motorschiffen, die im Herbstgold leuchtenden wein- und obstbewachsenen Inseln und sanften Hänge sowie darinnen verträumte, malerische Siedlungen mit Dorfkirchen und barocken Münstern, aber auch pulsierende Metropolen wie Friedrichshafen, Konstanz, Bregenz und Ravensburg an den Küsten des Sees machen nicht nur die Region einmalig, sondern verhelfen einer Flugreise mit dem Zeppelin NT zu einem unvergleichbaren, unvergesslichen Erlebnis für alle Sinne. Wohl wahr: Nirgendwo, meint man, »vergeht die Zeit so schnell wie im Fluge« – im Zeppelin NT.

Ursprünglich ist der Bodensee als Folge der Auffaltung der Alpen im ausgehenden Tertiär entstanden. In seiner heutigen Form wurde er durch mehrere Eiszeiten, insbesondere während der ausgehenden Würm-Eiszeit vor etwa 15 000 Jahren v. Chr. geformt und mit Schmelzwasser aus dem Rheingletscher gefüllt.

Der Bodensee ist 69 km lang von Bregenz bis Stein am Rhein und bis zu 14 km breit (Egnach bei Romanshorn bis Friedrichshafen). Aufgrund der Erdkrümmung verfügt der Bodensee in seiner maximalen SO-NW-Ausdehnung über eine Aufwölbung der Oberfläche von rund 80 m.

Die Seefläche beträgt knapp 540 km^2. Damit ist er nach dem Plattensee in Ungarn und dem Genfersee in der Schweiz der drittgrößte See in Mitteleuropa. Sein tiefster Punkt liegt zwischen Uttweil und Immenstaad bei 252 m. Der See liegt 395 m über NN. Sein durchschnittlicher Wasserinhalt beträgt 50 Milliarden Kubikmeter. Das Wasser des Bodensees ist so sauber, dass jährlich ca. 175 Millionen Kubikmeter zur Trinkwasserversorgung im Raum Stuttgart sowie des Kantons St. Gallen entnommen werden.

Der Bodensee hat die Gestalt eines von Südost gegen Nordwest hakenförmig zugespitzten Keils.

Der nordwestliche, verengte Teil wird nach der badischen Stadt Überlingen Überlinger See genannt. Die kleinere Seebildung westlich von Konstanz firmiert unter den Namen Untersee und Zeller See (Radolf-

flywithme
ZEPPELIN MUSEUM
Friedrichshafen
ZEPPELIN

zell), der weitaus größere Teil des Bodensees trägt den Namen Obersee. Beide Seebecken werden durch den 4 km langen und bis zu 500 m breiten Rheinlauf zwischen Konstanz und Gottlieben verbunden. Im Süden türmen sich die Alpengipfel der Säntisgruppe, im Osten zeigen sich die grünen Voralpen des Allgäus, im NW die Basaltkegel des Hegaus mit ihren berühmten Burgen und Ruinen.

Geologisch gehört das Gebiet des Bodensees hauptsächlich dem Alluvium an. Steile Abfälle des Tertiärs finden sich vor allem bei Meersburg.

Durch angeschwemmte Ablagerungen des Rheins und der Bregenzer Ach aus Ton, Sand und Kies bildet sich zunehmend ein breiter Streifen flacher, zum Teil sumpfigen Schwemmlandes.

Das Klima der Seegegend ist im Allgemeinen mild. Im Winter friert der See nur sehr selten ein, das letzte Mal im Winter 1962/63. Gefährlich können die Föhnwinde sein. Sie verbreiten mitunter orkanartige Windstärken und oft meterhohe Wellenberge.

- »Nur Wandern auf dem Mond ist schöner!« Von Friedrichshafen aus bietet die Deutsche Zeppelin Reederei mehr als ein Dutzend Rundfahrten rings um den Bodensee an. Wer schon eine miterlebt hat, wird der nächsten mit größter Vorfreude entgegensehen. (Plessing, G.)

Von den Römern Lacus Brigantimus (Bregenzer See), im Mittelalter Bodmansee, später Schwäbisches Meer oder Konstanzer See genannt, ist er ein die Nordseite der Alpen charakteristischer Flusssee, von Rhein und mehreren kleineren Zuflüssen gespeist. Drei Länder (Deutschland mit den Bundesländern Baden-Württemberg und Bayern, Österreich mit dem Bundesland Vorarlberg und die Schweiz mit den Kantonen St. Gallen, Thurgau und Schaffhausen) teilen sich die 275 km lange Küste. Eine offizielle, völkerrechtlich anerkannte Grenze durch den See gibt es bis heute nicht. Es herrschen lediglich die seit mehreren Jahrhunderten eingeschliffenen Gewohnheitsrechte der Anliegerstaaten und -gemeinden.

Der See wird vielfältig genutzt: Als Schifffahrtsweg, als Kies-Förderstätte, zur Fischerei und besonders zur Freizeitbetätigung für Einheimische und Touristen. Am bekanntesten dürfte der 265 km lange Bodensee-Radweg sein, der in acht Tagesetappen um den gesamten See führt. Mit mehr als 800 000 Radlern ist er der meistbefahrene Radweg der Welt.

Im See existieren 30 Fischarten, 14 davon werden gefischt, aber nur acht landen auf den Tellern der Restaurants. Die wichtigsten sind Forellen, Welse, Hechte, Aale und Barsche. Der wohl bekannteste Speisefisch vom Bodensee ist das Blaufelchen. Seit Januar 2024 gilt ein dreijähriges Fangverbot, um den stark dezimierten Bestand zu schützen. Daneben leben hier 73 Vogelarten. In milden Wintern hausen hier auch Silberreiher, Rotmilan, Wanderfalke, Raubwürger und andere. Dem Botaniker bieten die Ufer großenteils eine alpine und subalpine Flora mit über 600 Pflanzenarten. Besonders beachtenswert sind die Bodensee-Vergissmeinnicht, weil sie im April das Wasser an den Kiesufern des Untersees mit ihren Tausenden leuchtend blauen Blüten färben. Nicht weniger Gefallen finden im Frühsommer die Blütenwiesen aus Enzianpflanzen und Mehlprimeln.

Auf eine frühe Besiedlung der Ufer weisen die zahlreichen Pfahlbauten, besonders am Überlinger See und Untersee hin. Sie stammen aus der Jungsteinzeit ab etwa 3000 v. Chr. Etwa um 400 v. Chr. siedelten sich Kelten vom Stamm der Helvetier an den Ufern des Bodensee an. Unmittelbar vor der Zeitenwende eroberten die Römer große Teile des heutigen Bodenseegebietes im Kampf gegen die Kelten. Mehrere dieser Kriege sollen sich sogar als Seeschlachten zugetragen haben.

Im See befinden sich zehn Inseln. Einige sind unbewohnt und stehen unter strengem Naturschutz und Betretungsverbot. Die mit Abstand größte Insel ist die Reichenau (430 ha) im Untersee. Sie gehört wegen dreier früh- und hochmittelalterlicher Kirchen zum Welterbe und genießt insbesondere wegen ihrer vorzüglichen Gemüse- und Obstprodukte nicht nur unter Vegetariern einen vorzüglichen Ruf.

Die zweitgrößte Insel ist die Insel Lindau (68 ha) mit ihrer sehenswerten Altstadt.

Die drittgrößte Insel ist die liebevoll »Blumeninsel« genannte Mainau (45 ha) im Südosten des Überlinger Sees. Eigentümer des Anwesens ist die schwedisch-luxemburgisch-stämmige Adelsfamilie Bernadotte, die hier sowohl ein weltberühmtes Blumenparadies sowie sehenswerte gärtnerische Parkanlagen und kleine Tiergehege geschaffen hat. Die nur 2000 m² kleine »Liebesinsel« erlangte durch eine berührende Filmszene im Heimatfilm »Die Fischerin vom Bodensee« (1956) eine gewisse Berühmtheit. Auch sie steht unter Naturschutz.

Auf dem See findet ein reger Schiffs- und Fährverkehr statt. Regelmäßig verkehren Fähren und Linienschiffe zwischen allen größeren Orten längs der deutschen, österreichischen und Schweizer Küste. Ringsherum haben zahlreiche Segel- und Rudervereine ihre Stützpunkte, die Yachtvereine ihre Marina. Insgesamt soll es wohl mehr als 25 000 Liegeplätze bei etwa 60 000 Booten geben.

■ Alle Flüge rings um den Bodensee beginnen und enden am Hangar auf der Messestraße 134 in 88046 Friedrichshafen. Gleich beginnt für die Reisegruppe das Boarding. Nervenaufreibende Check-Inn-Vorgänge gibt es freilich nicht.
(Plessing, L.)

eration Mobility.
NOW.
A3

Friedrichshafen

Friedrichshafen ist untrennbar mit dem Namen des Grafen Zeppelin verbunden. Es ist **die** Zeppelin-Stadt. Sie vereint urbane Tradition mit Technophilie, Geschichtskultur und Lebensfreude. Hier beginnen und enden alle Flüge der Zeppelin-Reederei rings um den Bodensee. Es sind mehr als ein Dutzend Routen buchbar.

Weltweit bekannt ist das Zeppelin-Museum im ehemaligen Hafenbahnhof. Das im Bauhausstil errichtete Gebäude beherbergt auf 4000 m^2 Ausstellungsfläche mehr als 1500 Originalexponate und ein umfangreiches Archiv sowie Museums-Shop und Gastronomie. Im Mittelpunkt der Ausstellung steht eine begehbare, 33 m lange, originalgetreue Rekonstruktion eines Teils der legendären »Hindenburg«. Außerdem ist eine Kunstsammlung mit über 4000 Werken der bedeutendsten Meister aus Süddeutschland vom Mittelalter bis heute im Museum untergebracht. Zum Museum gehört auch die denkmalgeschützte Werkssiedlung »Zeppelindorf« aus den Jahren 1914–1918 mit dem öffentlich zugänglichen Schauhaus am König-Wilhelm-Platz 12.

Direkt am Flughafen von Friedrichshafen befindet sich das sehenswerte Dornier-Technikmuseum. Es bildet die Pionierleistung des ehemaligen Leitenden Mitarbeiters des Grafen Zeppelin, Claude Dornier, auf dem Gebiet des Flugzeugbaues ab. Den Namen »Dornier« trugen in den 20er Jahren des vorigen Jahrhunderts nicht nur die größten zivilen Flugzeuge der Welt (Do X), sondern auch riesige Flugboote (»Wal«). Heute gehören die ehemaligen Dornier-Werke zum Airbus-Konzern.

Friedrichshafen besitzt viele Kirchen verschiedener Religionen und Konfessionen.

Die beiden 55 m hohen Türme der evangelisch-lutherischen Schlosskirche direkt am Bodensee-Radweg bilden das Wahrzeichen der Stadt.

Nicht weniger stadtbildprägend ist das älteste Friedrichshafener Gotteshaus, die katholische Kirche St. Nikolaus am Adenauerplatz.

Direkt am Hafen befindet sich das Zeppelin-Museum. Hier beginnt auch die langgezogene Seepromenade mit zahlreichen Cafés und Gaststätten und dem Kultur- und Kongresszentrum Graf-Zeppelin-Haus. Von einem 22 m hohen Aussichtsturm am Eingang zum Hafen hat man einen sehr schönen Rundblick über die Stadt und den See.

■ Blick auf den Hafen von Friedrichshafen. In der Bildmitte das sehenswerte Zeppelin-Museum. (Lohse, Th.)

Langenargen

König Wilhelm I. von Württemberg ließ 1861 die Ruinen der aus dem 14. Jahrhundert stammenden Veste abreißen und an deren Stelle das Schloss Montfort im maurischen Stil mit klassizistischen Elementen errichten.

Der Turm mit der zinnenartigen Bekrönung ist gegen wenig Entgelt von April bis Ende Oktober zugänglich und bietet einen faszinierenden Rundumblick bis auf die gegenüberliegenden schweizerischen Alpen. Zu empfehlen ist ein Besuch in den Abendstunden, um den Sonnenuntergang mitzuerleben.

Im Schloss befindet sich neben einem Gastronomiebetrieb auch ein Festsaal im oberen Stockwerk.

■ Schloss Montfort. (Schmidt, B.)

Wasserburg

Die Halbinsel Wasserburg gehört schon zum bayerischen Bodenseeufer. Die kleine Gemeinde hat nur etwa 5000 Einwohner, aber zwei eindrucksvolle Sehenswürdigkeiten, das zu einem Hotel umgebaute ehemalige Renaissanceschloss der Grafen von Montfort und die katholische Pfarrkirche St. Georg mit dem charakteristischen Zwiebelturm und dem barocken Hochaltar.

■ Die beiden Luftschiffe »HUGO ECKENER« und »BODENSEE« besuchen die Halbinsel Wasserburg. (Plessing, G.)

GOODYEAR

Lindau i. B.

Die ehemalige freie Reichsstadt Lindau ist die größte bayerische Stadt am Bodensee mit ca. 25 000 Einwohnern. Die ehemalige Insel wurde durch eine Straßenbrücke und einen Bodensee-Bahndamm mit dem Festland verbunden. Wahrzeichen der Stadt ist die Hafeneinfahrt mit dem 1856 erbauten Leuchtturm und die gegenüber auf einem steinernen Podest hockende, 6 m hohe bayerische Löwenfigur. Hoch frequentiert ist während der Tourismussaison die Maximilianstraße als Teil der altstädtischen Fußgängerzone. Erhalten geblieben sind Teile der mittelalterlichen Stadtmauer und zahlreiche Bürgerhäuser aus dem 16. und 17. Jahrhundert.

International bekannt ist Lindau wegen der seit den 50er Jahren stattfindenden Nobelpreisträgertreffen.

▪ Die Gleise der DB zum Kopfbahnhof Lindau i. B. zerschneiden die Halbinsel in zwei Teile. Im linken Teil des Bildes sind die Türme der evangelisch-lutherischen Kirche St.Stephan und des römisch-katholischen Münsters Unserer Lieben Frau zu erkennen. (Krug, A.)

Bregenz

Bregenz ist die Landeshauptstadt des österreichischen Bundeslandes Vorarlberg und hat 30 000 Einwohner. Unmittelbar hinter der Stadt erhebt sich der 1064 m hohe Pfänder, der Hausberg der Stadt. Hinauf zum Gipfel fährt eine moderne Kabinenseilbahn in sechs Minuten. Unterwegs und oben erwartet die Besucher eine fantastische Aussicht. Unten, direkt am Seeufer befindet sich die Seebühne der weltberühmten Bregenzer Festspiele. 7000 Besucher erfreuen sich an den abendlichen Darbietungen.

■ Die Bregenzer Festspiele auf der größten Seebühne der Welt sind spektakulär. Jede Aufführung wird besonders durch die aufwendig gestalteten Bühnenbilder und die einmalige Kulisse zu einem unvergesslichen Erlebnis. (Krug, A.)

Rheindelta

Zwischen Bregenz und Rorschach mündet der Alpenrhein in den Bodensee. Noch. Denn wenn der Mensch nicht massiv in die tausende Jahre alte Mündung eingegriffen hätte und nicht weiter eingreifen würde, gäbe es den Bodensee in wiederum tausenden Jahren nicht mehr. Er wäre randvoll gefüllt mit fluvialen Sedimenten, die der Fluss mit seiner gewaltigen Schubkraft von durchschnittlich 235 m^3 Wassermenge je Sekunde ohne Unterlass in das Becken des Bodensees befördert. Jährlich sind es bis zu 3 Millionen Kubikmeter Feststoffe, die der Fluss auf seiner 90 km langen Strecke mit 200 m Gefälle (bis zum Quellgebiet sind es sogar 1950 m) durch das Alpenrheintal, vorbei an 52 Ortschaften, darunter Chur, Vaduz und Feldkirch, transportiert. Die Stoffe bestehen vorwiegend aus zerkleinertem Gestein, Kies und Schwebefracht. Letztere ist die Ursache dafür, weshalb das Wasser in der kanalartigen »Vorstreckung« hellgrau gefärbt ist. Jedenfalls ein faszinierendes Naturschauspiel – aus der Zeppelinperspektive. Aber ein riesiges Problem für die Natur und den Menschen, insbesondere dann, wenn bei Hochwasser mehr als 3100 m^3 Wasser je Sekunde in den Bodensee donnern.

Seit 1892 haben deshalb die beiden Anliegerstaaten Österreich und die Schweiz sowie das Bundesland Vorarlberg und der Kanton St. Gallen in mehreren Staatsverträgen vereinbart, wie die drohende Verlandung des Sees verhindert werden kann.

Der Maßnahmenkatalog umfasst zum Teil radikale Eingriffe in den Fluss und sein Bett, wie die Verkürzung der Flusslänge um zehn Kilometer (um damit die Fließgeschwindigkeit noch mehr zu erhöhen), permanenter industrieller Kiesabbau mit Schwimmbaggern, Regulierung des Flussverlaufes samt der Errichtung neuer, gewaltiger Hochwasserschutzdämme und nicht zuletzt die kanalartig ausgebauten Vorstreckungen in den Bodensee. Künftig soll die Abflusskapazität von 3100 m^3/s auf 4300 m^3/s erhöht werden.

Entstanden ist als Folge dieser gravierenden Eingriffe ein in den Bodensee hineinwachsendes Flussdelta mit einem riesigen Feuchtbiotop-Schutzgebiet, rund 2000 ha Flachwasser, Schilfröhrichten, Feuchtwiesen und Auwäldern – ein Paradies für zahlreiche Vogelarten, Amphibien sowie Pflanzen.

▪ Der Alpenrhein zwischen Hard und Hochst droht den Bodensee mit Geröll, Kies und pulverisiertem Gestein aus dem Hochgebirge zuzuschütten. Mit verschiedenen Maßnahmen, hier mit kanalartigen »Vorstreckungen«, soll diese Gefahr nicht nur abgemildert, sondern auf Dauer aufgehalten werden. Wird es gelingen? (Krug, A.)

Konstanz

Konstanz ist nicht nur die größte Stadt am Bodensee mit über 80 000 Einwohnern, sondern auch die Stadt mit der bedeutendsten Historie. Das prägendste historische Ereignis war das Konzil von 1414–1418. Innerhalb der Stadtmauern der Freien Reichsstadt fand vor 600 Jahren Weltgeschichte statt. Einberufen hatte das Konzil Johannes XXIII., einer der drei amtierenden Päpste. Hinter ihm stand der römisch-deutsche König Siegismund. Er wollte die Einheit der christlichen Kirchen wieder herstellen. Doch nicht der Glaubenskampf, nicht die Absetzung aller drei Widersacher und auch nicht das schamlose Miteinander der über 600 Kleriker mit noch viel mehr Kurtisanen blieben im Gedächtnis der Menschen, sondern der eklatante Wortbruch des Klerus und der anschließende Feuertod des Reformators Jan Hus, dem zuvor eine sichere Rückkehr garantiert wurde.

An der Hafeneinfahrt nach Konstanz erinnert die Imperia alle Ankommenden auf derb-erotische, satirische Weise an das frivole Leben der Kirchenvertreter während des Konzils. Mit offenem Rock und bloßen Brüsten dreht sich die 9 m hohe Figur um sich selbst. Sie hält dabei den frisch gewählten neuen Papst Martin V. und König Sigismund als zappelnde Kobolde in ihren Händen.

Im ehemaligen Dominikanerkloster und heutigen Steigenberger Inselhotel Konstanz wurde Ferdinand Graf von Zeppelin am 2. Juli 1838 geboren. Später zog die Familie auf das Schlossgut Kreuzlingen auf der Schweizer Seite der Doppelstadt, während sein Bruder Eberhard das Haus weiter betrieb.

Das Stadtbild der weitgehend mittelalterlich geprägten Altstadt von Konstanz wird durch das Münster »Unserer Lieben Frau« bestimmt.

■ Die »BODENSEE« über der »Alte Rheinbrücke« Konstanz. (Plessing, G.)

see. think. act.
ZF

Blumeninsel Mainau

Die 45 ha große Insel Mainau erreicht man trockenen Fußes über eine Fußgängerbrücke von Konstanz aus. Aber auch mehrere Schiffsrouten der Weißen Flotte steuern die Insel regelmäßig an. Da in die Pflege und den Betrieb der Stiftungsanlagen keine staatlichen Zuschüsse fließen, sind zur Deckung der Unkosten Eintrittsgelder zu entrichten.

Eigentümer der Insel ist die gemeinnützige »Lennart-Bernadotte-Stiftung«. Heute lebt der Sohn des Gründervaters, Björn Graf Bernadotte (geb. 1975), mit seiner Familie auf der Insel.

Die Mainau hat eine bewegte Geschichte. Erste Besiedlungsnachweise, wenige Reste einer Pfahlbauten-Siedlung, stammen aus der Jungsteinzeit um etwa 3000 v. Chr. Später sollen die Insel auch keltische Siedler urbar gemacht haben, ehe sie um die Zeitenwende durch römische Legionäre vertrieben wurden.

Im Spätmittelalter gelangte die Mainau durch Schenkung an den Deutschen Orden, der die Insel nicht nur mit Doppelmauern befestigte, sondern auch die barocke Kirche und das Schloss errichtete. Während des 30-jährigen Krieges verwüsteten schwedische Truppen die Anlagen und Gebäude.

Den Grundstein für die heute viel gerühmte »Blumeninsel« wurde nach vielen kleineren Bemühungen seiner Vorgänger durch den badischen Großherzog Friedrich I. (1826 – 1907) gelegt. Durch Erbschaft und Schenkung gelangte die inzwischen schon mit einem neuen Wegenetz versehene und durch mehrere kleine Parkanlagen umstrukturierte Insel 1928 in den Besitz des schwedischen Königshauses.

1932, als die Insel dem erst 23-jährigen Prinz Lennart Bernadotte anheimfiel, begann die gründliche Umnutzung zur heutigen »Blumeninsel«.

Nach dem Ende des II. Weltkrieges öffnete Graf Bernadotte die Insel für die Öffentlichkeit, verbesserte die Infrastruktur, widmete den Gutshof in ein Restaurant um und sanierte das Schloss und die Kirche. Daneben schuf er weitere blühende Gartenanlagen und die Italienische Treppe – ein Hauptanziehungspunkt der Insel.

Jährlich besuchen mehr als eine Million Menschen die Insel Mainau. Aber auch aus den Fenstern des Zeppelin NT bietet die Insel einen faszinierenden Anblick.

■ Die wunderschöne Blumeninsel Mainau aus der Zeppelinperspektive. (Krug, A.)

Reichenau

Die bereits während der Römerzeit besiedelte Insel Reichenau wurde Ende 2000 als »herausragendes Zeugnis der kulturellen und religiösen Rolle eines Benediktinerkloster im Mittelalter« in die Liste des UNESCO-Weltkulturerbes aufgenommen. Im Jahr 724 gründete der Heilige Pirmin das Kloster. Heute existieren noch drei sehenswerte Kirchen auf der Insel. Die älteste, St. Georg, stammt aus dem Jahr 900.

Daneben beschreibt man die Reichenau mit vollem Recht auch als »Gemüseinsel«. Voraussetzungen sind der gute Boden, ein effizientes Bewässerungssystem, ca. 50 ha. Gewächshausfläche und die Existenz vorwiegend klein- und mittelständischer Familienbetriebe.

Vom Festland zur Insel führt eine 1300 m lange Pappelallee.

- Die Reichenau ist nicht nur die größte Insel im Bodensee, sondern zugleich ein unvergleichliches Naturparadies, ein UNESCO-Weltkulturerbe und ein riesiger Gemüsegarten. Sie ist unbedingt besuchenswert – nicht nur für Vegetarier.
(Plessing, G.)

Schaffhausener Rheinfall

Der Rheinfall, wenige Kilometer westlich vom Untersee, ist mit 23 Meter Höhe und 150 m Breite einer der wasserreichsten Wasserfälle Europas. Auf Booten gelangen Besucher zu einem Felsaufstieg inmitten des Wasserfalles. Dort können sie sich von den tosenden Wassermassen umspülen lassen.

Schloss Laufen, auf einem Felsen gelegen, bietet tolle Ausblicke auf das Naturschauspiel des Wasserfalles. Ein Restaurant lädt zum Verweilen ein.

Unbedingt sehenswert ist die Altstadt von Schaffhausen.

■ Der weltberühmte Rheinfall – ein beeindruckendes Naturschauspiel – mit dem mehr als tausendjährigen Schloss Laufen. (Plessing, G.)

Überlingen

Überlingen war bis ins 19. Jahrhundert von einer gut befestigten Stadtmauer umschlossen. Reste dieser mittelalterlichen Anlagen wie Stadttore, Wehrtürme, Mauern und tiefe Gräben sind noch heute vorhanden.

Die ehemals intakten Wehranlagen hielten im 30-jährigen Krieg langen Belagerungen durch schwedische Heere und schwerem Kanonenbeschuss stand.

Wahrzeichen der Stadt sind das katholische, gotische Münster St. Nikolaus aus dem 14. Jahrhundert und das benachbarte Rathaus mit prachtvollen Holzschnitzereien.

Überlingen unterhält die längste Uferpromenade am Bodensee. Der nach dieser Stadt benannte Überlinger See besitzt besonders hier ein attraktives Paradies für Sporttaucher, aber auch für Segelfreunde und Angler.

Hunderttausende Touristen starten von Überlingen aus interessante Besichtigungstouren in das Umland.

Familien besuchen besonders gern die Storchenwarte und den Affenberg von Salem.

Einen beachtlichen internationalen Ruf erlangte Salem durch den Sitz der Internatsschule Schloss Salem mit Schülern und Pädagogen aus mehr als 30 Nationen. Sie verfolgt einen erlebnispädagogischen Ansatz. Die Schule ist Teil einer weitläufigen barocken Anlage eines ehemaligen Zisterzienserklosters. Sie wird architektonisch beherrscht durch das gotische Münster aus dem 14. Jahrhundert und ist heute Sitz des Hauses Baden.

▪ Das Münster »St. Nikolaus« ist die größte gotische Kirche am Bodensee und bildet gemeinsam mit dem alten und neuen Rathaus das Wahrzeichen von Überlingen. Der Ortsteil Salem ist aus vielerlei Gründen weit über die Bodenseeregion bekannt. (Plessing, G.)

STADTWERK
AM SEE

Unteruhldingen

Die Pfahlbauten in Unteruhldingen sind ein archäologisches Freilichtmuseum allererster Güte. Sie stehen auf der Liste des Welterbes. Die Nachbauten sind bereits über einhundert Jahre der Öffentlichkeit zugänglich. Inzwischen konnten mehr als 15 Millionen Besucher die Steige und 23 Hütten betreten und sich in das Leben einer stein- und bronzezeitlichen Gesellschaft zurückversetzt fühlen. Im angeschlossenen Museumsneubau werden über 1000 Originalfunde aus diesen Epochen ausgestellt. Hier befindet sich auch ein Forschungsinstitut.

Einen Abstecher zur Wallfahrtskirche Birnau (1750) lohnt sich. Sie ist zweifellos eine der schönsten barocken Kirchen nördlich der Alpen. Ihre sieben Altäre und die Deckengemälde zeugen von der hohen Handwerkskunst der hier tätigen Künstler.

■ Die Pfahlbauten in Unteruhldingen sind das älteste archäologische Freiluftmuseum in Deutschland. Das Leben der Menschen vor rund 5000 Jahren wird besonders familienfreundlich dargestellt. (Krug, A.)

Meersburg

Unabhängig davon, wie man Meersburg erreicht, ob zu Fuß auf dem Jakobsweg von Markdorf kommend oder auf dem Bodenseeradweg von Überlingen aus radelnd oder per Fähre von Konstanz fahrend oder gar im Zeppelin NT daherfliegend – das barocke Panorama der Kleinstadt Meersburg inmitten weitläufiger Weinberge zieht jeden in seinen Bann. Einmal in Meersburg angekommen, laden zahlreiche Aussichtspunkte zum Verweilen ein.

Vier große Gebäudekomplexe dominieren das Stadtbild: Die mittelalterliche Burg (auch Altes Schloss genannt) mit dem mächtigen Dagobertsturm, das gegenüberliegende neue Schloss (rot), das gelbe vierseitige Staatliche Weingut und ganz rechts im Bild das ehemalige Priesterseminar, das heutige Droste-Hülshoff-Gymnasium.

Die Meersburg gilt als älteste bewohnte Burg Deutschlands. Angeblich geht ihre Entstehungszeit bis ins 7. Jahrhundert zurück. Neben den privat genutzten Wohngemächern der Eigentümer befindet sich in der Anlage ein öffentlich zugängliches Museum mit über 30 Räumlichkeiten. Zu besichtigen sind unter anderem die Burgkapelle, der Rittersaal, die Folterkammer, der Waffensaal und Wehrgänge. Auch ein Arbeitszimmer der berühmten Dichterin Annette von Droste-Hülshoff ist zu besichtigen.

Das benachbarte Neue Schloss (1762) wurde bis zur Säkularisation 1802/03 durch Napoleon von den Konstanzer Fürstbischöfen genutzt. Hernach beschlagnahmte das Land Baden den Gebäudekomplex. Heute befindet sich in dem barocken Schloss ein höchst interessantes Museum. Gezeigt werden den Privat- und Repräsentationsräume der Fürstbischöfe.

Das Staatsweingut ging aus dem ehemaligen Fürstbischöflichen Weingut (um 1200), der späteren »Großherzoglich-Badischen Dömänenkellerei« hervor, dem ältesten Weinbauareal Deutschlands.

Um 1735 entstand der vierte große Gebäudekomplex in Meersburg, das Priesterseminar. In ihm wurden später auch Lehrer für staatliche Schulen ausgebildet. Seit 1953 ist in die alten Gemäuer ein jugendlicher Geist eingezogen, das Droste-Hülshoff-Gymnasium mit angeschlossenem Internat.

Kein Zeppelin-Fan sollte es in Meersburg versäumen, die »weltweit größte private Sammlung zur Geschichte der Zeppeline« (Eigenwerbung) am Schlossplatz 8 zu besuchen.

▪ Meersburg beherbergt nicht nur die älteste bewohnte Burg Deutschlands. Hier sollte man auch dem privaten Zeppelin-Museum von Heinz Urban einen Besuch abstatten. (Krug, A.)

Hagnau

Hagnau ist **die** Weinbaugemeinde im Bodenseegebiet. Aber auch der Obstbau in den höheren Lagen und die Fischerei verlocken die Touristen zur Einkehr in eine der zahlreichen Restaurants und Straußenwirtshaften.
In der Hagnauer Pfarrkirche begegnen dem Besucher gleich mehrere Baustile vom romanischen Turm bis zum barocken Kirchenschiff.

Auf Wiedersehen in Friedrichshafen!

▪ Blick auf die Weinbaugemeinde Hagnau. (Plessing, G.)

WAGNER

▪ Landeanflug in Friedrichshafen. Ein unvergesslicher Rundflug im Zeppelin NT klingt aus. (Schmidt, B.)

ation Mobility
FRIEDRICHSHAFEN
Welcome to the home of Next Generation Mobility

▪ Der Zeppelin NT hat sein Tagewerk vollbracht und wieder viele Menschen glücklich gemacht. Morgen warten wieder Touristen gespannt und voller Vorfreude auf eine »luftige Traumreise«.
(Slowak, L.)

GOODYEAR

GOODYEAR
Zeppelin NT
Flug Bonn nach Friedrichshafen
Zu Gunsten des PESTALOZZI Kinderdorfes Wahlwies
Auf dem normalen Postweg befördert!
-6.10.21-18
53115
Bordsiegel Marke Zeppelin NT 2021
LUFTSCHIFFES D-LZFN BODENSEE
Zeppelin
Luftschifftechnik GmbH
Messestrasse 132
88046 Friedrichshafen

175. GEBURTSTAG
Graf Ferdinand von Zeppelin
175. Geburtstag Graf Zeppelin
Deutsche Post
58
AN BORD DES ZEPPELIN NT
6. JULI 2013
LUFTSCHIFFES D-LZZF
BADEN-WÜRTTEMBERG
LZ 127 Chicagofahrt 1933
Bordsiegel Marke Zeppelin NT 2013
175. Geburtstag
-8.-7.2013
Ferdinand Graf von Zeppelin
*1838 †1917
78462
GRAF ZEPPELIN
1838
2013
175 JAHRE VISIONEN LEBEN!
ZU GUNSTEN DES PESTALOZZI KINDERDORFES WAHLWIES
Wolfgang von Zeppelin
Johann-Peter-Hebel-Straße
88677 Markdorf

Erste Fahrt
LZ 120 Bodensee
20.08.1919
Deutsche Post
80
BODENSEE
ZEPPELINPOST
22.-8.2019
88045
FRIEDRICHSHAFEN
LZ 120 Bodensee
Bordsiegel Marke Zeppelin NT 2019
Zu Gunsten des PESTALOZZI Kinderdorfes Wahlwies
Zeppelin
Luftschifftechnik GmbH
Messestrasse 132
88046 Friedrichshafen

Hüllenstück des Zeppelin NT Nr. 1
D-LZFN »FRIEDRICHSHAFEN«
PELIN NT
D-LZFN
SEGELFLUG-WELTMEISTERSCHAFTEN
FRIEDRICHSHAFEN 1
-9.-5.08-18
88045
Bordsiegel Marke Zeppelin NT 2008
D-LZZF
ZU GUNSTEN DES PESTALOZZI KINDERDORFES WAHLWIES
Zeppelin Luftschifftechnik
Allmannsweiler Straße
88046 Friedrichshafen